Chaima Sahli

Etude du gène ACE chez une population mucoviscidosique Tunisienne

Chaima Sahli

Etude du gène ACE chez une population mucoviscidosique Tunisienne

Etude du gène ACE

Presses Académiques Francophones

Impressum / Mentions légales
Bibliografische Information der Deutschen Nationalbibliothek: Die Deutsche Nationalbibliothek verzeichnet diese Publikation in der Deutschen Nationalbibliografie; detaillierte bibliografische Daten sind im Internet über http://dnb.d-nb.de abrufbar.
Alle in diesem Buch genannten Marken und Produktnamen unterliegen warenzeichen-, marken- oder patentrechtlichem Schutz bzw. sind Warenzeichen oder eingetragene Warenzeichen der jeweiligen Inhaber. Die Wiedergabe von Marken, Produktnamen, Gebrauchsnamen, Handelsnamen, Warenbezeichnungen u.s.w. in diesem Werk berechtigt auch ohne besondere Kennzeichnung nicht zu der Annahme, dass solche Namen im Sinne der Warenzeichen- und Markenschutzgesetzgebung als frei zu betrachten wären und daher von jedermann benutzt werden dürften.

Information bibliographique publiée par la Deutsche Nationalbibliothek: La Deutsche Nationalbibliothek inscrit cette publication à la Deutsche Nationalbibliografie; des données bibliographiques détaillées sont disponibles sur internet à l'adresse http://dnb.d-nb.de.
Toutes marques et noms de produits mentionnés dans ce livre demeurent sous la protection des marques, des marques déposées et des brevets, et sont des marques ou des marques déposées de leurs détenteurs respectifs. L'utilisation des marques, noms de produits, noms communs, noms commerciaux, descriptions de produits, etc, même sans qu'ils soient mentionnés de façon particulière dans ce livre ne signifie en aucune façon que ces noms peuvent être utilisés sans restriction à l'égard de la législation pour la protection des marques et des marques déposées et pourraient donc être utilisés par quiconque.

Coverbild / Photo de couverture: www.ingimage.com

Verlag / Editeur:
Presses Académiques Francophones
ist ein Imprint der / est une marque déposée de
OmniScriptum GmbH & Co. KG
Heinrich-Böcking-Str. 6-8, 66121 Saarbrücken, Deutschland / Allemagne
Email: info@presses-academiques.com

Herstellung: siehe letzte Seite /
Impression: voir la dernière page
ISBN: 978-3-8381-4951-6

Copyright / Droit d'auteur © 2014 OmniScriptum GmbH & Co. KG
Alle Rechte vorbehalten. / Tous droits réservés. Saarbrücken 2014

Sommaire

Introduction..1

I. DEFINITION DE LA MUCOVISCIDOSE..2

II. HISTORIQUE 2

III. EPIDEMIOLOGIE 3

IV. GENETIQUE DE LA MUCOVISCIDOSE 4

IV.1 Le gène cftr..4

IV.2 La protéine CFTR..5

    IV.2.1 Structure et localisation 5

    IV.2.2 Fonctions...6

IV.3 Les mutations affectant le gène cftr...8

IV.4 Classification des mutations..11

V. ASPECTS CLINIQUES DE LA MUCOVISCIDOSE............................12

V.1 Au niveau de l'appareil respiratoire..12

V.2 Au niveau de l'appareil digestif..13

V.3 Autres manifestations cliniques..13

VI. PHYSIOPATHOLOGIE DE LA MUCOVISCIDOSE 13

VII. DIAGNOSTIC DE LA MUCOVISCIDOSE 15

VIII. TRAITEMENTS DE LA MUCOVISCIDOSE 18

XI. PREVENTION DE LA MUCOVISCIDOSE 18

X. CORRELATION PHENOTYPE- GENOTYPE 18

XI. LES GENES MODIFICATEURS DANS LA MUCOVISCIDOSE............ 19

XI.1 Enzyme de conversion de l'angiotensine I « ACE ».. 20

X.1.1 Gène de l'ACE 20

XI.1.2 Métabolisme de l'ACE 21

X.1.3 Rôle de l'ACE.. 22

Patients et méthodes

I. PATIENTS 24

II. METHODES 24

II.1 Extraction de l'ADN... 24

II.1.1 Principe 24

II.1.2 Réactifs 24

II.1.3 Protocole expérimental de la méthode salting-out 25

II.2 Contrôle de l'ADN.. 25

II.2.1 Contrôle qualitatif de l'ADN..25

II.2.2 Contrôle quantitatif de l'ADN..26

II.3 Réaction de polymérisation en chaine (PCR) 26

II.3.1.Principe...26

II.3.2 Les réactifs de la PCR 28

III.AMPLIFICATION DES EXONS 10, 17B, 11, 20, 21ET L'EXON 5.......................29

III.1 Etude de l'enzyme de conversion de l'angiotensine I « ACE ».. 31

III.4 Electrophorèse sur gel d'agarose.. 33

IV. ELECTROPHORESE SUR GEL DE POLYACRYLAMIDE EN GRADIENT DENATURANT...34

IV.1 Principe.. 34

IV.2 Réactifs.. 36

IV.3 Migration éléctrophorétique et révélation... 36

V. CHROMATOGRAPHIE LIQUIDE HAUTE PERFORMANCE EN CONDITIONS DENATURANTES « DHPLC ».. 37

V.1 Principe.. 37

V.2 Protocole expérimental... 38

V.3 Processus d'analyse.. 38

VI. TECHNIQUE DU SEQUENÇAGE DIRECT SELON LA METHODE DE SANGER..38

VI.1 Principe... 38

VI.2 Protocole expérimental.. 39

    VI.2.1 Purification des produits amplifiés..39

    VI.2.2 Réaction de séquençage 40

VI.2.2 Electrophorese capillaire sur le sequenceur automatique...40

Résultats et discussion

I. IDENTIFICATION DE QUELQUES MUTATIONS MUCOVISCIDOSIQUES ET ETUDE DU GENE ACE 42

I.1. Identification de la mutation F508 del.. 42

I.2. Identification de la mutation E1104X.. 43

I.3. Identification de la mutation G542X..45

I.4. Identification de la mutation N1303K... 46

I.5. Identification de la mutation W1282X... 48

I.6. Identification de la mutation 711+1 G→T... 49

II. ÉTUDE DU GENE ACE...51

II.1 Etude du polymorphisme insertion/délétion pour la mutation F508del 51

II.2 Etude du polymorphisme insertion/délétion pour la mutation E1104X.......................................53

II.3 Etude du polymorphisme insertion/délétion pour La mutation G542X.......................................53

II.3 Etude du polymorphisme insertion/délétion pour la mutation W1282X.....................................54

II.4 Etude du polymorphisme insertion/délétion pour la mutation N1303K......................................56

II.5 Etude du polymorphisme insertion/délétion pour la mutation 711+1 G→T...............................56

II.6 Contrôle de PCR pour les témoins..57

II.7 Confirmation de produit de PCR dans le cas de gènotype DD 58

II. 8 Etude de gènotype DD 59

Conclusion..65

Références bibliographiques

Annexes

Introduction

La mucoviscidose est appelée aussi fibrose kystique du pancréas (cystic fibrosis), est due à une anomalie fonctionnelle du gène régulateur de la conductance transmembranaire de la mucoviscidose (*cftr*). L'évolution de la mucoviscidose est très variables, certains sujets décédant de cette maladie au cours de la première année de vie tandis que d'autres non. Les atteintes viscérales et les complications diffèrent également entre les patients. Certaine des variations phénotypiques de la mucoviscidose peuvent être attribuées à la nature de l'anomalie du gène *cftr*. Le génotype CFTR détermine principalement le degré de dysfonction pancréatique exocrine et est corrélé au degré d'anomalie de la concentration du chlorure dans la sueur. Des facteurs indépendants du CFTR sont cependant responsable de variations de l'atteinte respiratoire, principale cause de morbidité et de mortalité dans la mucoviscidose. Les facteurs de l'environnement ne permettant pas non plus d'expliquer la grande diversité des formes cliniques de la maladie, la contribution de variants génétiques (gènes modificateurs) en dehors du locus *cftr* dans l'expression phénotypique de la pathologie est fortement suggérée.

En effet, nous nous sommes intéressés dans le présent travail à l'étude d'un gène modificateur qui est l'ACE I (Angiotensine Conversion Enzyme I) qui est associé à la réponse immuno inflammatoire. L'ACE est une cytokine pro inflammatoire qui joue un rôle important dans le système rénine-angiotensine. Notre étude est basée sur la recherche d'une association entre le polymorphisme I/D du gène de l'ACE et le gène *cftr* de la mucoviscidose en utilisant la technique de PCR (polymérase Chain reaction).

I. Définition de la mucoviscidose

La mucoviscidose appelée aussi fibrose kystique du pancréas (Cystic Fibrosis : CF) est la maladie héréditaire la plus fréquente des maladies graves. La mucoviscidose est une maladie mono génique autosomique récessive des populations d'origine caucasienne. Elle touche, en France un enfant sur 2500 et une personne sur 25 est hétérozygote pour la maladie. Cette pathologie touche plusieurs viscères. Ses principales manifestations pathologiques concernent l'appareil respiratoire, le tractus intestinal, le pancréas et le foie. La forme la plus habituelle associe une sémiologie respiratoire et digestive à des problèmes nutritionnels. Dans tous les cas, le pronostic est largement dominé par l'atteinte respiratoire. Le dépistage néonatal systématique de la mucoviscidose s'est généralisé sur tout le territoire français depuis le début de l'année 2002.

II. Historique

La mucoviscidose est apparue il y a environ 50000 ans (Dawson K.P et al.2000). La première description clinique de la mucoviscidose, donnée par Andersen, n'apparaît qu'en 1938 (Andersen D.H. 1938). Cette pathologie est appelée fibrose kystique du pancréas (*Cystic Fibrosis*) pour la distinguer des autres maladies chroniques causées par une mauvaise absorption gastro-intestinale. Elle est également connue sous le terme de « mucoviscidose » suite à la découverte, chez les patients atteints par cette maladie, d'une quantité importante de mucus épais dans un grand nombre d'organes. C'est au cours de la vague de chaleur de 1948 à New York que le pédiatre Paul Di Sant'Agnese découvrit que la plupart des enfants victimes d'une insolation souffraient de la mucoviscidose. Il a postulé dès lors que la composition de leur sueur était anormale et il est parvenu à démontrer, quelques années plus tard, que les patients atteints de mucoviscidose présentaient un excès de sodium et de chlore dans leur sueur, allant jusqu'à une concentration cinq fois plus importante que celle présente dans la sueur de personnes saines (Di Sant'Agnese et al. 1953). En 1949, sur base de l'héritage autosomique récessif de cette pathologie, Lowe et ses collaborateurs ont postulé que la mucoviscidose devait être causée par un seul gène défectueux (Low C.U et al 1949). En 1983, des études menées sur des conduits sudoripares ont permis à Paul Quinton d'identifier un transporteur au chlore comme étant à la base de la pathologie (Quinton P.M 1983).

Le clonage du gène *Cftr* en 1989 et la découverte des différentes mutations de ce gène ont confirmé l'hypothèse mono génique de cette maladie. De même, ces études ont identifié la protéine CFTR comme un transporteur de chlore, confirmant ainsi l'hypothèse de Quinton (Kerem B et al 1989) (Riordan J.R et al 1989) (Rommens J. M et al 1989). L'année 1992 voit apparaître les premiers essais de réintroduction du gène *Cftr* sauvage dans l'épithélium respiratoire ou dans celui des glandes sudoripares **(Figure 1)** En Tunisie, les premiers travaux ont commencé en 1990 avec l'analyse du test de la sueur sur 5571 enfants suspects de mucoviscidose (Messaoud T et al .1996).

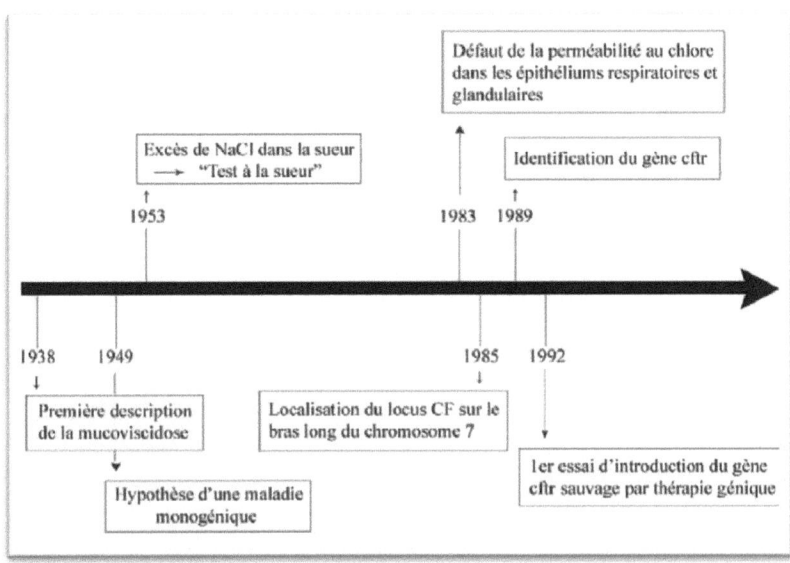

Figure 1 : Principaux évènements dans l'historique de la mucoviscidose (Catherine V 2007).

III. Epidémiologie

La mucoviscidose, est la plus fréquente des maladies autosomiques récessives graves des populations d'origine européenne. En effet, elle est beaucoup plus rare dans les populations Asiatiques (1/30000) ou Africaines (1/15000) que dans les populations d'Europe et d'Amérique du Nord avec des variations au sein de chaque pays (Bodadilla L et al 2002). En Europe, elle touche environ une naissance sur 2500 et une personne sur vingt-cinq est hétérozygote pour la maladie, c'est-à-dire porteur sain. Cependant la fréquence de l'affection dépend de l'origine ethnique, et géographique des patients. En Tunisie, la majorité des patients mucoviscidosiques sont originaires du Centre-est en particulier la région du Sfax. **(Figure 2)** (Hadj Fradj S et al 2009).

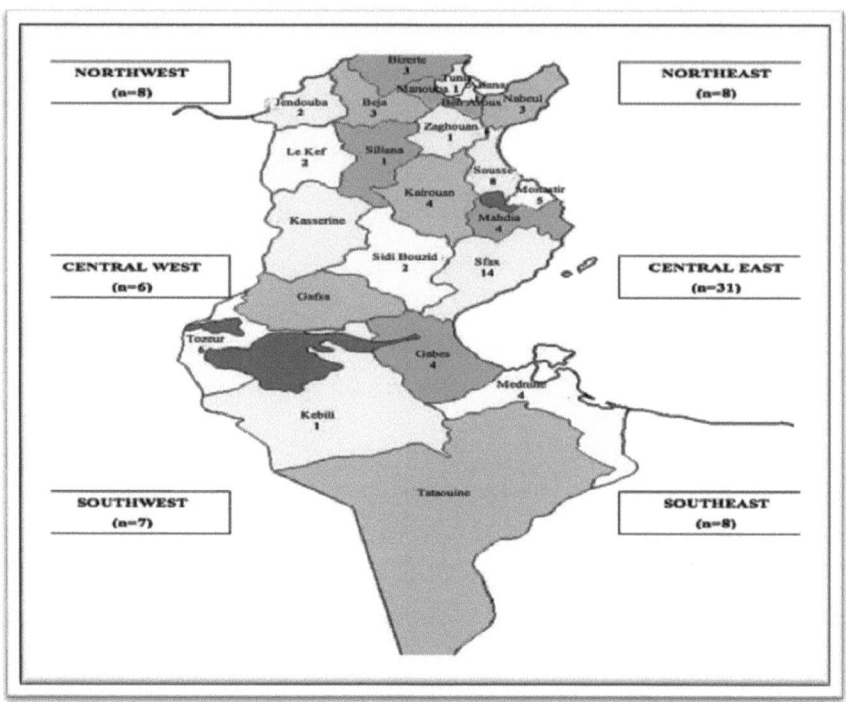

Figure 2 : Répartition des patients atteints de fibrose kystique en Tunisie

(Hadj Fredj S et al 2009).

Nord Est : Bizerte, Tunis, Ben Arous, Ariana, Manouba, Nabeul, Zaghouan. Nord ouest : Beja, Jendouba, Le Kef et Siliana du Centre-est : Sousse, Monastir, Mahdia, Sfax. Ouest central : Kairouan, Sidi bouzid et Kasserine. Sud-est : Gabés, Médenine et Tataouine .Sud-ouest : Gafsa, Tozeur et Kebili. Les chiffres sur la carte indiquent les nombre des patients avec CF inscrit dans toutes les régions.

IV. Génétique de la mucoviscidose

IV.1 Le gène *cftr*

Le gène *cftr* est localisé sur le bras long du chromosome 7 au niveau de la région 7q31.2 en 1985 (**Figure3**). Il est cloné en 1989 par l'équipe de Tsui au Canada, et de sa séquence a été déduite la structure de la protéine par Collins et ses collaborateurs. (Collins F.S et al 1992). Il comprend 250 Kb répartis en 27 exons codant pour une protéine transmembranaire de 1480 acides aminés appelée

CFTR (Gallati S. 2003). Il est transcrit en un ARN messager de 6500 paires de bases, présent dans les différents tissus épithéliaux classiquement affectés par la mucoviscidose.

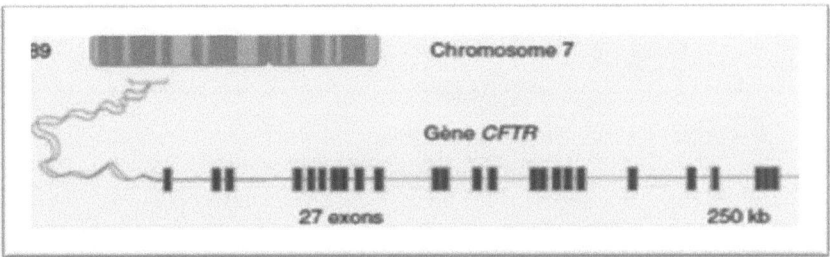

Figure 3 : Gène cftr (Romey M.C ; 2006).

IV.2 La protéine CFTR

IV.2.1 Structure et localisation

Le clonage du gène codant pour la protéine CFTR a facilité son étude. La protéine CFTR est un membre de la superfamille des transporteurs membranaires ABC (ATP- Binding Cassette).Cette famille regroupe les protéines Eucaryotes et bactériennes qui importent et exportent de petites molécules telles que les sucres, les protéines, les métaux ou encore les médicaments. Parmi le grand nombre de protéines ABC, la protéine CFTR est la première à être identifiée comme un canal ionique. La protéine CFTR se situe dans la région apicale des cellules épithéliales du tractus intestinal, des canaux pancréatiques, des glandes salivaires, des canaux déférents, de l'épididyme et de l'appareil pulmonaire ; plus précisément dans l'épithélium de surface des voies aériennes supérieures (nasales), inférieures proximales (trachée, bronches) et distales (cellules épithéliales bronchiolaires et alvéolaires) (Durieux I et al 2008). La structure de la protéine CFTR est proche des autres membres de la famille ABC **(Figure 4)** Sa masse moléculaire est de 170 KDa lorsqu'elle est entièrement glycosylée. Elle contient cinq domaines dont deux domaines hydrophobes transmembranaires NBF (Nucléotide Bind Fold) comportant chacun six segments transmembranaires en hélice alpha, deux domaines hydrophiles d'interaction avec les nucléotides (Nucléotide-Binding Domains,NBD) capable de fixer l'ATP, ainsi qu'un domaine cytoplasmique dit régulateur (Regulator Domain, R) qui expose à sa surface plusieurs sérines phosphorylables par les protéines Kinases A et C (Sheppard D.N et al 2009).

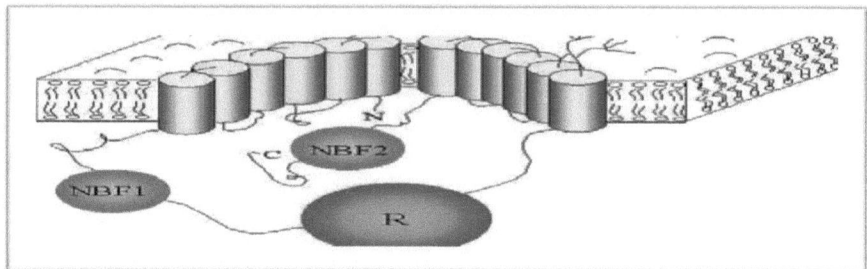

Figure 4: Modèle structural de la protéine CFTR (Navarro J et al 2001).

IV.2.2 Fonctions

Les fonctions de la protéine CFTR sont multiples :
> **Canal chlore**

La fonction canal chlore de la protéine a été mise en évidence par des expériences de transfection de l'ADNc *cftr* normal dans des cellules épithéliales pulmonaires de patients mucoviscidosiques. Ces cellules avant transfection ne réagissent pas à une augmentation de la sécrétion d'ions chlorures en réponse à une stimulation par l'AMPc, contrairement aux cellules épithéliales des sujets sains. Après transfert du gène *cftr*, les cellules acquièrent la capacité de sécréter les ions chlorures. De plus, des cellules qui normalement n'expriment pas la protéine CFTR manifestent une conductance après transfection de l'ADNc *cftr* normal, et stimulation par l'AMPc. Ces expériences ont permis d'attribuer à la protéine CFTR un rôle dans la perméabilité transmembranaire des ions chlorures. La protéine CFTR agit donc comme un canal ionique contrôlé par l'AMPc via la phosphorylation et l'activation de CFTR par la protéine Kinase A au niveau du domaine R dont une partie seulement des sérines régulatrices peuvent être phosphorylées. Cette phosphorylation permet la fixation de l'ATP sur un NBF, cette fixation induit une modification de conformation de la protéine, et l'ouverture du pore. Si le domaine R n'est que partiellement phosphorylé, l'ATP est hydrolysé en ADP qui se dissocie rapidement du NBF et le canal reprend sa forme fermée. Si toutes les sérines régulatrices du domaine R sont phosphorylées, une molécule d'ATP peut se fixer sur le deuxième NBF et stabiliser le canal dans sa conformation ouverte. L'hydrolyse de l'ATP provoque sa dissociation du NBF, et le retour à une forme instable. Dans tous les cas, le passage des ions chlorures à travers le canal se fait selon un gradient électrochimique. Dans les cellules épithéliales bronchiques, ce gradient est inversé par rapport aux cellules des glandes sudoripares, ce qui explique la déshydratation et le taux faible du chlore des cellules épithéliales alors que la sueur des patients mucoviscidosiques est concentrée en ions chlorures (>60mmol/l) (**Figure5**).

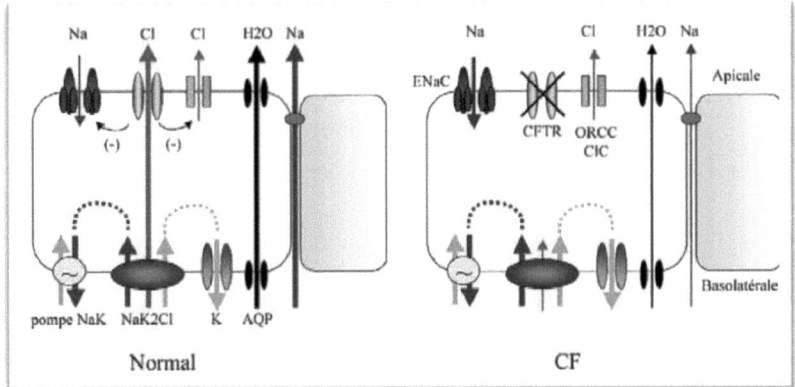

Figure 5 : Mécanisme de sécrétion des sels par les cellules épithéliales.

(Catherine V 2007).

> **Autres fonctions**

La protéine CFTR participe également dans le fonctionnement d'autres canaux ioniques dans la cellule épithéliale. Elle est capable de réguler les canaux chlores ClC (Canaux Chlore dépendants du Calcium) (Gentzsch M et al 2003) et ORCC (Outward Rectifying Chloride Channel) (Jovov B et al 1995) ainsi que les canaux potassiques. La protéine CFTR intervient également dans le recyclage des membranes de la cellule en favorisant les phénomènes d'exocytose et en inhibant ceux de l'endocytose. La protéine CFTR régule également le pH intracellulaire en acidifiant les compartiments intracellulaires et son dysfonctionnement a pour conséquence de modifier les sécrétions cellulaires et d'augmenter la viscosité du mucus **(Figure 6)**.

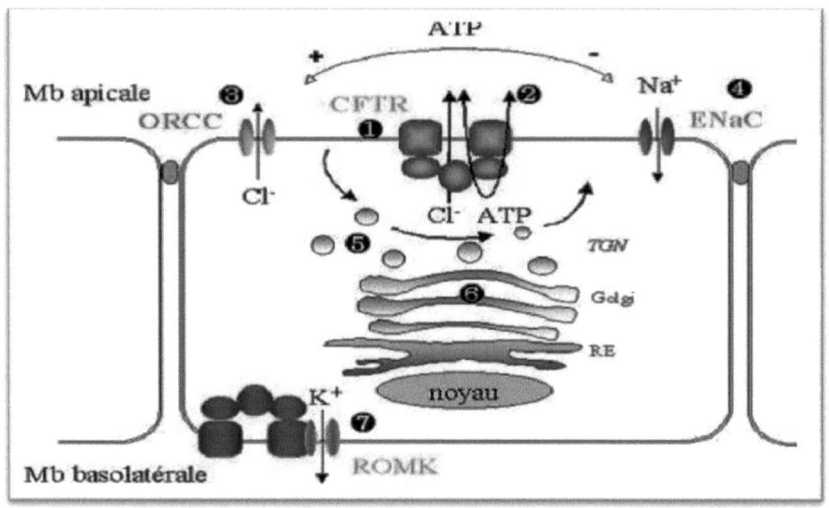

Figure 6 : CFTR, protéine multifonctionnelle (Santis G 2000).

1) La fonction canal chlore.

2) Le relargage d'ATP.

3) Régulation positive du canal ORCC (Outwardly Rectifying Cl Channels).

4) Régulation négative du canal sodium ENac (Epithélial Na+ Channels)

5) Régulation des vésicules circulantes.

6) Régulation entre les différents compartiments intracellulaires.

7) Modulation de la sensibilité du canal ROMK (Renal Outer Medullary potassium channels).

RE : Réticulum Endoplasmique

TGN : Trans Golgi Network.

IV.3 Les mutations affectant le gène cftr

A ce jour, plus de 1700 mutations du gène *cftr* induisant la mucoviscidose ont été recensées (www.genet.sickkids.on.ca/cftr/StatisticsPage.html). Ces mutations ont été mises en évidence dans la séquence codante ou dans des sites d'épissage de l'ARN messager. La mutation la plus fréquente est la F508 del, qui correspond à la perte d'un résidu phénylalanine en position 508 de l'exon 10 sur le premier domaine de fixation à l'ATP de la protéine CFTR (Kerem B et al 1989). Elle est retrouvée en France, globalement, sur 67% des chromosomes mutés chez les patients atteints de mucoviscidose ainsi environ 45% des malades portent cette mutation à l'état homozygote. La plupart des mutations affectant le gène *cftr* sont des mutations ponctuelles qui sont réparties comme suit : 45% sont des mutations faux-sens, 18% de mutations non-sens, 23% des insertions-délétions entrainant un déphasage du cadre de lecture et 14% des mutations affectant les sites d'épissage. La répartition de ces mutations dans le gène n'est pas homogène, et des exons semblent plus fréquemment que d'autres, être le siège de mutations ponctuelles (exons 3, 4, 10,17b, 19, 20,21) (Bienvenu T 1997). La mutation F508 del est une délétion de trois bases(CTT) à cheval sur les codons 507 et 508. Les deux nucléotides provenant du codon 507 et le nucléotide provenant du codon 508 reconstituent un codon ATT (Ile) sans perturbation du cadre de lecture, ni changement de sens du codon 507 **(Figure 7)**. Il en résulte la perte du résidu Phe à la position 508 de la séquence protéique (Kerem B et al 1989). En Tunisie, 17 mutations ont été identifiées dont : la mutation F508 del est la plus fréquente avec 50,74%, suivie par les mutations E1104X avec 16,18%, N1303K avec 6, 62% G542X avec 3,67% 711+1 G>T avec 5,88%. (Hadj Fredj S et al. 2009). (Tableau I).

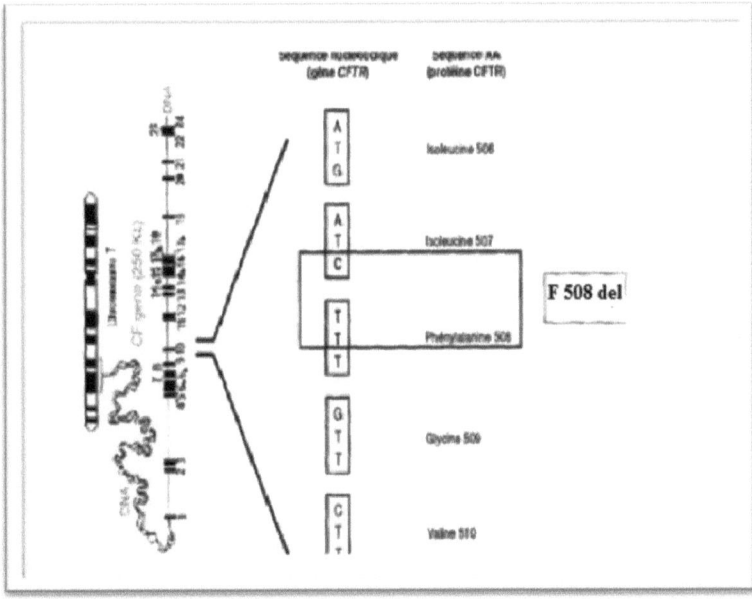

Figure 7 : La mutation F508del dans le gène *cftr* (Bienvenu T 2003).

Tableau I : Les mutations du gène *cftr* en Tunisie (Hadj Fredj S et al).

Mutations	Conséquences	Localisation	Nombre de chromosomes	Pourcentage (%)
F508del	Délétion de Phé à la position 508	Exon 10	64	47.06
E1104X	Glu en stop à la position 1104	Exon 17b	22	16.18
N1303K	Asn en lys à la position 1303	Exon 21	9	6.62
711+1G>T	Défaut d'épissage d'ARNm	Intron 5	8	5.88
W1282X	Trp en stop à la position 1282	Exon 20	6	4.41
G542X	Gly en stop à la position 542	Exon 11	5	3.67
R1158X	Arg en stop à la position 1158	Exon 19	2	1.47
I1203X	Ile en Val à la position 1203	Exon 19	2	1.47
4268+2T>G	Défaut d'épissage d'ARNm	Intron 22	2	1.47
4016insT	Codon stop prématuré	Exon 21	1	0.74
1811+5A>G	Défaut d'épissage d'ARNm	Intron 11	1	0.74
R785X	Arg en stop à la position 785	Exon 13	1	0.74
Inconnu	_	_	13	9.56

IV.4 Classification des mutations

Les anomalies moléculaires ont des conséquences variables sur la protéine CFTR et ses fonctions. Une classification de ces anomalies par rapport à la fonction CL⁻ a été proposée. **(Figure8).**

La classe **1** regroupe les mutations, telles que G542X et W1282X qui engendre un codon stop menant à la terminaison prématurée de la traduction de l'ARN messager. Cet arrêt prématuré de la traduction entraîne une absence de production de protéine CFTR. Les mutations de classe **2** incluent la mutation F508 del, mutation la plus fréquemment rencontrée dans la population caucasienne. La protéine mutée est incapable de se replier correctement, elle est acheminée vers le protéasome ou' elle sera dégradée peu de temps après sa synthèse avant d'avoir atteint la membrane plasmique. Les mutations de classe **3** telles que la mutation G551D n'affectent pas la production ni l'acheminement de la protéine CFTR mutée vers la membrane apicale mais engendrent des canaux insensibles à l'activation par la PKA, entraînant une absence de courant chlore. Ces trois classes de mutations sont dites « sévères » car la quantité de protéine CFTR fonctionnelle présente à la surface membranaire est inférieure à 1% engendrant une imperméabilité au chlore à la surface de ces cellules épithéliales. Par opposition les mutations de la classe **4, 5** et **6** n'empêchent ni la production ni l'acheminement de la protéine CFTR au niveau de la membrane apicale mais elles provoquent une diminution importante du courant chlore. En effet, la classe **4** regroupe les mutations entrainant une conductance réduite du canal CFTR, telles que les mutations R117H et R334W. La présence d'une activité réduite du canal CFTR induit des symptômes atténués en comparaison avec les patients présentant une absence totale de la protéine CFTR dans la membrane apicale. Plus récemment, une cinquième classe et une sixième classe de mutations ont été découvertes. La cinquième reprend les mutations situées dans le promoteur ou sur un site d'épissage engendrant une diminution significative du nombre de transcripts CFTR et par conséquent de la quantité de protéine CFTR fonctionnelle au niveau de la surface apicale. (Pilewski J.M 1999), (Cutting G.R 2002), (Rowe S.M et al 2005) La dernière classe, quant à elle, reprend les mutations entraînant une accélération du recyclage de la protéine CFTR (Haardt M et al 1999).

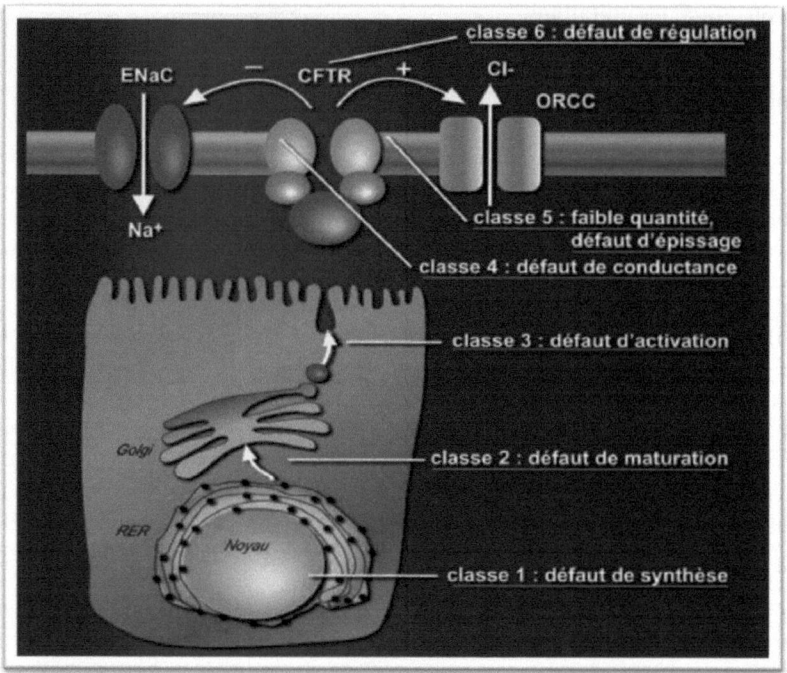

Figure 8 : Classification des mutations du gène cftr (Welsh M.J et al 1993).

V. Aspects cliniques de la mucoviscidose

La mucoviscidose est une maladie multi viscérale. Ses manifestations cliniques caractéristiques sont des infections sinusiennes et respiratoires chroniques, des anomalies digestives et nutritionnelles, un syndrome de perte de sel et des anomalies de l'appareil génital masculin aboutissant à une azoospermie obstructive (ABCD). La quasi-totalité des patients présentera une atteinte sinusienne et respiratoire chronique. Une insuffisance pancréatique est présente chez 90% des patients. Les hommes sont stériles (De Boeck K. 2006).

V.1 Au niveau de l'appareil respiratoire

Les manifestations respiratoires sont présentes chez environ 75% des nourrissons dés la première année de vie. Les symptomatologies n'est en aucun cas spécifique. (Leal.T, Le Becque .P).
- Une colonisation du tractus respiratoire par des germes évocateurs de mucoviscidose et en particulier *Staphylococcus aureus*, *Haemophilus influenzae*, *Pseudomonas aeruginosa* et *Burkholderia cepacia*.

- Une toux chronique avec bronchorrhée.
- Des anomalies radiologiques persistantes (bronchectasies, infiltrats, atélectasies, hyper infiltration...
- Une obstruction chronique des voies aériennes avec parfois des signes d'hyperréactivité bronchique.
- Une polypose nasale.
- Un hippocratisme digital.

V.2 Au niveau de l'appareil digestif

Des vomissements et une absence d'émission de méconium surviennent chez 10 à 15% des nouveau-nés atteints d'une mucoviscidose. L'iléus méconial est si spécifique de la mucoviscidose que le diagnostic est rarement ignoré. (De Boeck K 2006). Les autres atteintes digestives : (Leal.T, Le Becque .P)
- Au niveau pancréatique : Insuffisance pancréatique exocrine, épisodes récidivants de pancréatite.
- Au niveau hépatique : hépatopathie chronique (cirrhose biliaire focale, cirrhose multi lobulaire...).
- Au niveau nutritionnel : retard de croissance, œdème avec hypo-protéinémie et une carence en vitamines liposolubles (ADKE).

V.3 Autres manifestations cliniques

Des symptômes traduisant une perte d'électrolytes : coup de chaleur avec déshydratation hyponatrémique, hypokaliémique et hypochlorémique, alcalose métabolique chronique.

- Une stérilité masculine par absence congénitale des canaux déférents (ABCD).

VI. Physiopathologie de la mucoviscidose

La mucoviscidose mène à des changements pathologiques dans les différents organes exprimant la protéine CFTR, ceux-ci incluant les glandes sudoripares, les sinus, les poumons, le pancréas, le foie, les intestins et les voies génitales **(Figure 9)**. Toutefois, les modifications les plus importantes impliquent les voies respiratoires où le dysfonctionnement du canal CFTR cause des infections pulmonaires chroniques (Ratjen Fet al 2003).

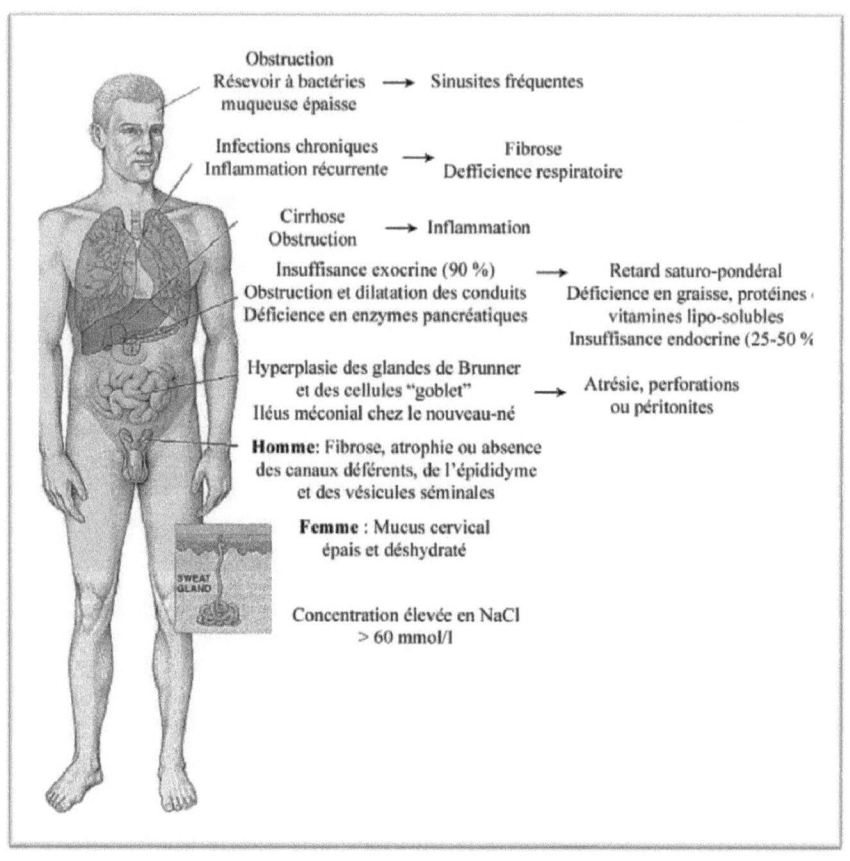

Figure 9 : Organes affectés par la mucoviscidose. (Catherine V 2007).

❖ **Les voies respiratoires** :

Les voies respiratoires constituent la première cause de morbidité et de mortalité, à obstruction des voies respiratoires suite aux sécrétions anormales de mucus visqueux. L'épisode récurrent d'infections et d'inflammation conduisant à la destruction du tissu pulmonaire, à la fibrose et finalement à la détresse respiratoire (Gibson R.L et al 2003) (Davis P.B .2006). *Haemophilus influenzae*, *Staphylococcus aureus* et *Pseudomonas aeruginosa* sont les pathogènes les plus fréquemment rencontrés ; dont la colonisation chronique par *P. aeruginosa* est associée à un déclin beaucoup plus rapide des fonctions respiratoires entraînant une diminution de l'espérance de vie de façon drastique (Starner T.D et al 2005).

❖ **Le système hépatobiliaire :**
Le système hépatobiliaire est la deuxième cause de mortalité ; en effet la cirrhose du foie présente dans 25 % des cas. Cependant, les signes cliniques de problèmes hépatiques ne sont diagnostiqués que chez 2 à 3 % des enfants et chez 5 % des adultes. De plus Les sécrétions de mucus conduisent à une hyper prolifération, une inflammation et une obstruction intra-canaliculaire des conduits biliaires. Des problèmes au niveau de la vésicule biliaire sont également présents chez plus de 40% des patients atteints de mucoviscidose (Ratjen F et al. 2003) (Akata D et al. 2007).

❖ **Le pancréas :**
L'obstruction et la dilatation des conduits pancréatiques conduisant à une insuffisance pancréatique exocrine chez les patients porteurs de deux mutations dites sévères. Aussi les enzymes pancréatiques ne sont plus déversées dans les intestins causant la lyse du tissu, l'apparition de kystes et la fibrose du pancréas. Cette détérioration du tissu commence déjà lors du développement fœtal. Une insuffisance endocrine dans 25 à 50 % des cas causée par la destruction des îlots de Langerhans (Cutting R.G. 2002) (Ratjen F et al. 2003). Egalement La déficience en enzyme pancréatique entraîne un retard de croissance staturo-pondérale suite à une mauvaise absorption des protéines, des graisses et des vitamines liposolubles.

VII. Diagnostic de la mucoviscidose

L'espérance de vie de patients mucoviscidosiques ne cesse de croître grâce à de nouvelles thérapies, au dépistage précoce et à la mise en place de centres spécialisés.

Jusqu'en 1990, le diagnostic de la mucoviscidose était basé principalement sur la mesure du chlore dans la sueur et sur les caractéristiques cliniques telles que des problèmes respiratoires récurrents, un iléus méconial, un retard staturo-pondéral et des diarrhées graisseuses (Gibson R.L. et al. 2003).

❖ **Diagnostic biologique**

Le diagnostic biologique de la mucoviscidose est basé sur le test de la sueur qui consiste à déterminer la teneur en sodium et en chlore de la sueur qui, chez les patients atteints de mucoviscidose, est supérieure à la normale. La méthode utilisée est celle décrite par Gibson et Cooke consiste en une iontophorèse à la pilocarpine (Gibson L.E.et al. 1959). La sudation est provoquée en faisant passer pendant quelques minutes un courant de très faible intensité à travers une compresse imprégnée de pilocarpine, molécule aux propriétés cholinergiques. A l'état normal, la concentration en chlore ne dépasse pas les 40 mmol/l alors qu'elle est supérieure à 60 mmol/l chez les patients atteints de mucoviscidose (figure 10). Bien que le test de la sueur soit considéré comme fiable, 2% des patients présentent un test de la sueur normal alors qu'ils sont atteints de la mucoviscidose (mucoviscidose atypique). Pour ces patients, des tests complémentaires sont réalisés tels qu'une analyse génétique ou une analyse de différence de potentiel nasal. Cette dernière technique permet de mesurer le courant généré par les mouvements ioniques à travers l'épithélium nasal. La généralisation de cette méthode, plus sensible que le test de la sueur permettrait d'identifier certains patients atteints de mucoviscidose et ayant un test à la sueur normal ou intermédiaire (Davies J.C 2006) (Davis P. 2006) ; (De Boeck et al. 2006). Le test d'immuno-trypsine réactive est effectué sur une goutte de sang séché prélevée cinq jours après la naissance. Les enfants atteints de mucoviscidose présentent, dans 90 % des cas un taux élevé de trypsine immunoréactive (Parad R.B 2005). Chez les patients mucoviscidosiques, la trypsine s'infiltre dans la circulation sanguine suite à l'obstruction des canaux pancréatiques par le mucus visqueux. Pour les tests se révélant positifs, deux approches sont possibles et varient selon les maternités. Un test génétique peut être réalisé à partir du même prélèvement ou un deuxième prélèvement est effectué deux à quatre semaines plus tard afin de confirmer l'élévation persistante de trypsine immunoréactive dans le sang (Southern K. W et al.2007). Ce deuxième test doit être suivi par un test de la sueur.

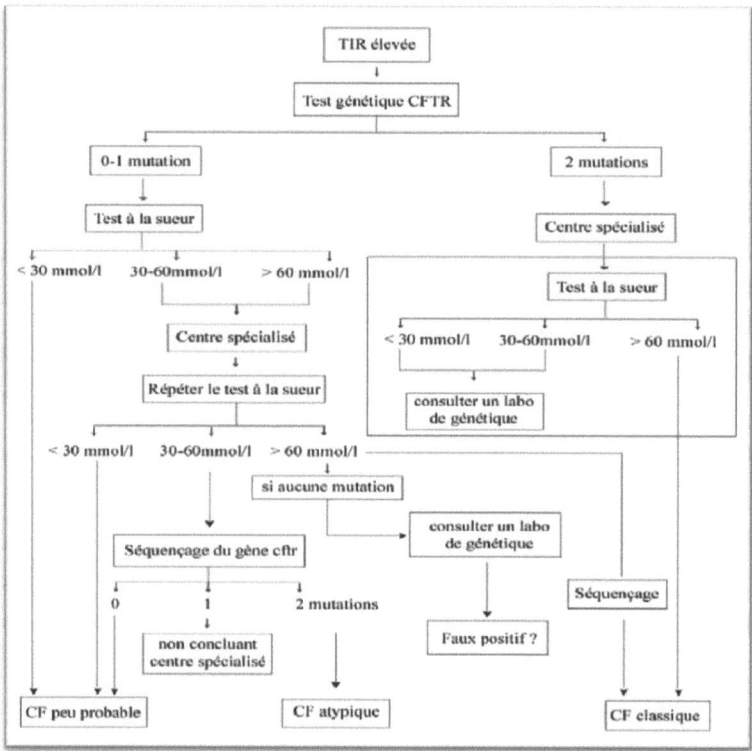

Figure 10 : Diagramme des différents tests de dépistage de la mucoviscidose

(Ratjen F et al 2003).

CF : Cystic Fibrosis.

❖ Diagnostic génotypique

Le diagnostic génotypique de la mucoviscidose repose sur la recherche des mutations dans le gène *cftr* à travers divers techniques de biologie moléculaire qui sont disponibles aujourd'hui pour les détecter ou les identifier. Il y a deux types d'approches différentes en termes de coût et d'efficacité : La recherche des mutations fréquentes qui sont facilement analysables par différents méthodes telle que : la digestion enzymatique, le reverse dot blot ou par des kits du commerce (CF-OLA). La recherche de toute anomalie de la séquence du gène *cftr* par différents techniques tells que la DHPLC (Denatuing High Performance Liquid Chromatography), la DGGE (Denaturant Gradient Gel Electrophosis) et la SSCP (Single Strand Conformation Polymorphism) suivies par une réaction de séquençage pour déterminer la nature de la variation de séquence.

➤ Chromatographie liquide haute performance en conditions dénaturantes dHPLC

La dHPLC (Denaturing High Performance Liquid Chromatography) est une méthode chromatographique à conditions dénaturantes permettant la détection de substitutions de bases, de petites délétions ou d'insertions au niveau de l'ADN en séparant les hétéroduplexes des homoduplexes. Grâce à sa rapidité et sa résolution élevée, cette méthode parait particulièrement utile pour la recherche de polymorphismes dans l'ADN, le clonage positionnel, l'analyse de gènes candidats, le génotypage des SNP et le diagnostic hospitalier

➤ Electrophorèse sur gel en gradient dénaturant DGGE

La technique de DGGE est basée sur la migration électrophorétique d'un fragment d'ADN bi caténaire soumis à des conditions progressivement dénaturantes va se dissocier en une structure partiellement ouverte dite « branchée ». En pratique, le domaine dont la température de fusion (Tm) est la plus basse est dénaturé le premier. La DGGE est basée sur l'utilisation des amorces clampées (GC clamp ou psoralène) pour la création d'un domaine artificiel de haute stabilité pour que la région d'intérêt devienne le domaine où la Tm est la plus basse (Rich P.D.et al 1993). La DGGE est une technique sensible et fiable. Cependant, c'est une approche lourde et difficile à manipuler puisqu'elle exige la détermination des conditions expérimentales pour chaque exon.

➤ Séquençage direct

Depuis les années 70, plusieurs méthodes furent mises en évidence pour la détermination de la séquence nucléotidique de tout fragment d'ADN purifié. Le séquençage constitue le niveau de résolution le plus élevé pour rechercher des mutations ponctuelles. Deux méthodes ont été introduites : la méthode chimique basée sur la modification des bases azotées et la méthode enzymatique proposée par Sanger en 1977. La méthode de Sanger repose sur l'utilisation de nucléotides particuliers appelés didésoxynucléotides (ddNTPs), qui bloquent la synthèse d'ADN par les ADN polymérases après leur incorporation. Ce blocage est dû à l'impossibilité qu'ont ces nucléotides de former une liaison phosphodiester avec l'autre nucléotide en raison de l'absence du groupement hydroxyle libre sur le carbone 3' (Rao VB (1994). En revanche, le séquençage reste la seule technique permettant de déterminer la nature et la position des SNP connus et inconnus. C'est une méthode très fiable et rapide. Ce pendant, elle reste une technique très coûteuse et n'est appliquée qu'aux gènes de petite taille.

VIII. Traitements de la mucoviscidose

De nos jours, plusieurs genres de traitements différents sont proposés. Le point commun de tous ces traitements réside dans le fait qu'aucun n'est capable actuellement de guérir la maladie définitivement ; mais l'évolution des traitements de cette maladie a permis d'augmenter au moins l'espérance de vie des patients d'une trentaine d'année environ. Les premiers traitements utilisés sont appelés palliatifs. Un traitement a recours à la kinésithérapie respiratoire qu'est la technique la plus ancienne et la plus utilisée. Aussi l'antibiothérapie ; de plus la nutrition joue un rôle important dans le traitement d'un malade atteint de la mucoviscidose.

XI. Prévention de la mucoviscidose

La prévention de la mucoviscidose se fait chez les familles à risque qui ont eu un enfant atteint de mucoviscidose. Cette prévention est réalisée par un diagnostic anténatal grâce à la biopsie du placenta entre 10 et 12 semaines aménorrhée de grossesse ou à partir du liquide amniotique entre 14 et 16 semaines aménorrhée. Les futurs parents ayant un membre de leur famille atteint de mucoviscidose ont la possibilité de bénéficier d'un test génétique afin de déterminer s'ils sont porteurs ou non de cette même mutation. (Davies J. C. 2006).

X. Corrélation phénotype- génotype

La prédiction du phénotype à partir du génotype est au cœur de nombreuses recherches. Il semblerait que certaines caractéristiques de la pathologie soient corrélées avec la classe de la mutation. Parmi l'ensemble des mutations, la mutation F508 (délétion de la phénylalanine en position 508), qui fait partie des mutations de classe II, est majoritairement retrouvée (de 65 à 70 % en France) En effet, à partir du génotype, il est possible de prédire le phénotype avec un haut degré de précision, et ceci au niveau des glandes sudoripares, du pancréas et du système reproducteur. La Figure 11 nous montre que le pourcentage de protéines CFTR fonctionnelles détermine la gravité de la pathologie. Elle indique également que les conduits génitaux sont les premiers organes touchés lorsque l'expression de CFTR est inférieure à 10% du taux normal. Des dysfonctionnements au niveau des poumons et des glandes sudoripares surviennent lorsque le taux de protéines CFTR fonctionnelles chute en dessous des 5%. Enfin, en dessous de 1% une insuffisance pancréatique apparaît (Davies J.C et al. 2005) (Pilewski J.M et al. 1999).

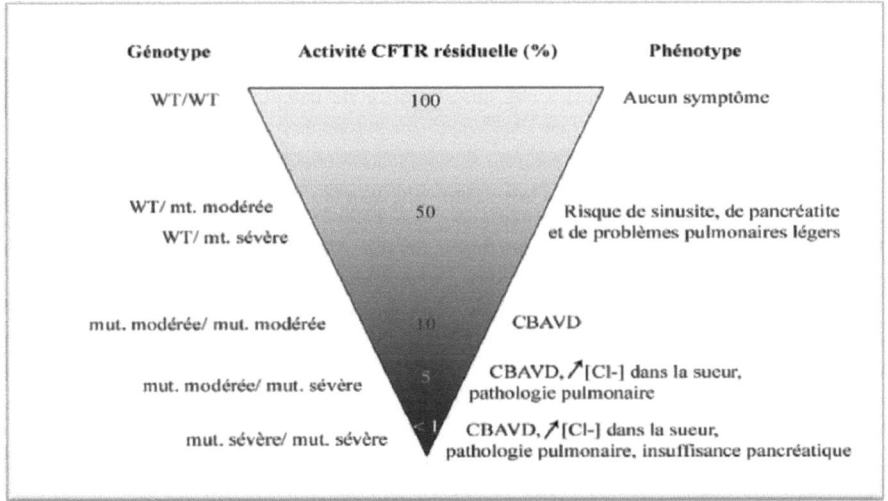

Figure 11 : Relation entre la quantité de CFTR fonctionnelle et le dysfonctionnement des organes. (Teich N et al. 2002).

WT : allèle sain, mut : mutation ; CBAVD : absence bilatérale congénitale des canaux déférents.

Bien qu'un dysfonctionnement pulmonaire apparaisse lorsque le patient est atteint d'au moins une mutation sévère, une corrélation entre le génotype et le phénotype n'est pas toujours possible. En effet, L'ensemble de ces données a permis de faire émerger progressivement l'hypothèse que des facteurs autres que les mutations du gène *cftr*, que ce soit des facteurs environnementaux ou génétiques, pouvaient rendre compte de l'importante variabilité de l'expression clinique de la maladie. Les observations rapportées chez des jumeaux portant la même mutation du gène *cftr* semblent indiquer que les facteurs environnementaux ne jouent pas un rôle dominant .Ces données suggèrent donc fortement l'intervention de variants génétiques, en dehors du locus *cftr*, dans l'expression phénotypique de la maladie et orientent vers la recherche de gènes modificateurs. (Corvol H et al .2006).

XI. les gènes modificateurs dans la mucoviscidose

Le polymorphisme génétique est défini par la présence de variants au niveau de la structure primaire de l'ADN, la présence de l'allèle le plus rare étant retrouvée dans au moins 1 % de la population. Chaque individu possède une combinaison unique de traits polymorphiques qui modifient la susceptibilité de développer certaines pathologies ou leurs complications, mais également qui modulent le type de réponse à un médicament ou à une agression. Les premiers travaux sur la recherche de gènes modificateurs dans la mucoviscidose ont été menés par une approche de région chromosomique candidate. L'utilisation de modèles murins de mucoviscidose a permis d'identifier un locus impliqué dans la sévérité de l'atteinte digestive. Ce locus, appelé Cfm1, a été localisé au niveau de la portion proximale du chromosome 7 chez la souris (synténique de la région 19q13 du génome humain). Cette observation a été complétée par une analyse génétique avec des marqueurs microsatellites en 19q13 dans des fratries de patients atteints de mucoviscidose. (Zielenski J et al. 1999). La stratégie la plus développée actuellement pour l'identification de gènes modifiant spécifiquement le phénotype mucoviscidosique consiste à sélectionner des gènes candidats sur la base des connaissances de la physiopathologie de la mucoviscidose. Ces gènes candidats codent pour des protéines qui jouent un rôle dans la progression de la maladie (par exemple des médiateurs de l'inflammation). Des variants ADN sont identifiés dans ces gènes candidats et leur répartition est déterminée chez des patients mucoviscidosiques stratifiés en fonction de la sévérité de la maladie. Si les résultats indiquent que les variants d'un gène candidat sont associés à une plus grande sévérité de la maladie, il est possible de conclure que ce candidat est un modificateur. Parmi ces gènes candidats on peut citer l'*α1AP* (*α1-antiprotease*), le GST (*gluthathion-S-transferases*), l'interleukine 10 (IL-10), la *MBL2* (*mannose-binding lectin 2*), le TGFβ1 (*Transforming Growth Factor 1*), le TNFα (*tumor necrosis factor 1*) et l'ACE *(Angiotensin Converrtion Enzyme I)* qui fait partie des gènes associés à la réponse immuno-inflammatoire. (Garry R. Cutting. 2006).

En effet L'inflammation précoce, excessive et inadaptée est un des facteurs déterminants de la destruction pulmonaire dans la mucoviscidose. L'élément déclenchant cette réponse inflammatoire reste actuellement débattu. L'inflammation est certes due en partie aux infections de l'appareil respiratoire mais elle pourrait même les précéder, comme le suggère la présence précoce de composants inflammatoires dans les voies respiratoires d'enfants atteints de mucoviscidose en dehors de toute infection détectable. Cette inflammation étant médiée par un certain nombre de cytokines, les gènes codant pour ces protéines font partie des gènes modificateurs potentiels (Corvol H et al .2006).

XI.1 Enzyme de conversion de l'angiotensine I « ACE »

L'angiotensine I converting enzyme ACE, également connu sous le nom peptidyl-dipeptidase A ou kinase II a été isolée en 1956. Elle correspond à un métallo enzyme chlorure dépendant qui clive un dipeptide de l'extrémité carboxyle de la décapeptide angiotensine I pour former le puissant vasopresseur (constricteur des vaisseaux sanguins) de l'angiotensine II.

X.1.1 Gène de l'ACE

Il existe deux formes d'ACE codée par un gène unique situé sur le chromosome 17 à q23, il est de 21Kb de long et contient 26 exons et 25 introns **(figure 12)**. L a forme longue, connue sous le nom Somatique ACE (SACE), est transcrite à partir d'exons 1-12 et 14-26, alors que la forme la plus courte, connue sous le nom Germinal testiculaire ACE (GACE), est transcrite par les exons 13-26. Le promoteur de la SACE est dans la région 5' d'accompagnement du premier exon, alors que celui des GACE est situé dans l'intron 12 (James FR .2003). Un polymorphisme de 287 pb consiste en une insertion délétion (I–D) au niveau de l'intron 16, l'allèle D étant associé à des taux plus élevés d'ACE sériques (Schurmann M.2003). De cela, on remarque une corrélation claire entre l'activité de l'enzyme et le génotype. (Rieder M.J et al.1999).

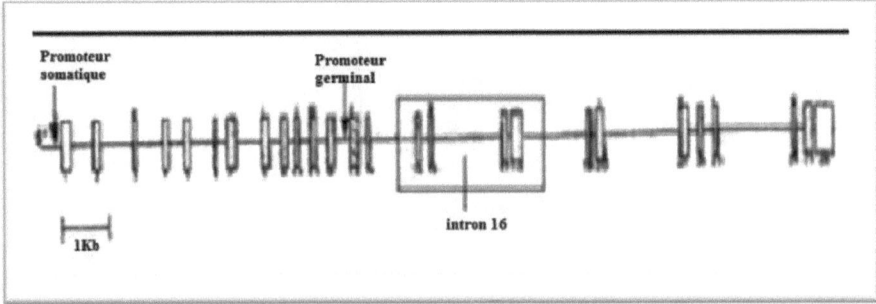

Figure12: Organisation du gène de l'enzyme de conversion de l'angiotensine Humaine (Cambien et Sourbier, 1995).

XI.1.2 Métabolisme de l'ACE

L'angiotensinogène est une glycoprotéine, de poids moléculaire de 50 000 à 100 000, synthétisée par le foie qui la libère dans le plasma. Sa concentration plasmatique de l'ACE est suffisante pour ne pas être le facteur limitant de la formation d'angiotensine I. D'autres tissus, le rein (tubule), les vaisseaux (adventice) et certaines parties du cerveau synthétisent également l'angiotensinogène. La rénine est une enzyme qui assure la production d'angiotensine I à partir de l'angiotensinogène. L'enzyme de conversion transforme l'angiotensine I inactive en angiotensine II active. **(Figure 13)**.

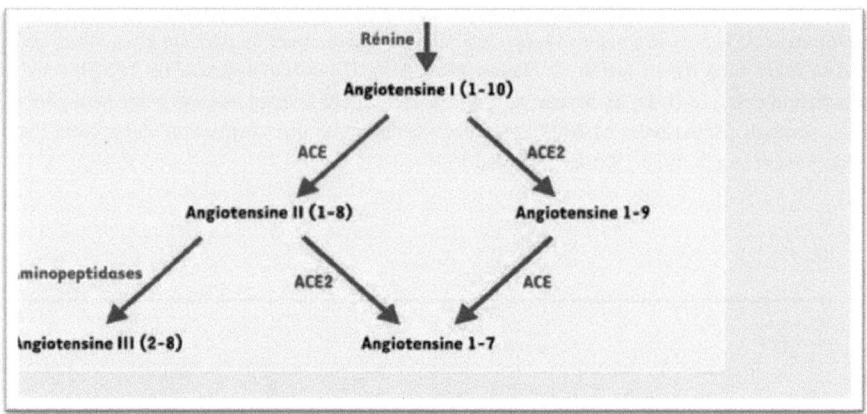

Figure 13 : Métabolisme de l'angiotensine. (Domnita C et al. 2000).

X.1.3 Rôle de l'ACE

L'enzyme de conversion de l'angiotensine I (ACE) est une cytokine pro-inflammatoire ayant la particularité d'activer le Transforming Growth Factor 1(TGF-β) et d'être ainsi en partie responsable des propriétés profibrosantes du TGF-β (Schurmann M.2003), (Schurmann M. et al .2001) . L'ACE est connu pour son rôle important qu'elle joue dans le système rénine-angiotensine. Son rôle physiologique est de transformer l'angiotensine I en angiotensine II. Cela provoque également la libération d'aldostérone par le cortex surrénalien, pour assurer la rétention des ions de sodium (Figure14). En outre, l'ACE est capable de cliver le dipeptide carboxy-terminale de la bradykinine vasodilatatrice. C'est pourquoi il a été appelé kinase II (Erdös E.G et al1987).

L'ACE présente deux fonctions principales: le traitement de l'hypertension essentielle et le soutien d'autres pour le diagnostic de sarcoïdose. En raison de sa position importante en ce qui concerne l'équilibre de la pression artérielle l'ACE est devenue la cible de nombreuses approches thérapeutiques. Le premier inhibiteur de l'ACE correspond au captopril, puis de nombreux autres inhibiteurs ont été développés, l'effet a été fondé sur des mécanismes similaires (Baudin B 2002). Notamment dans les processus pathogènes causés par la stimulation du système monocyte-macrophage, principalement la maladie inflammatoire granulomatose, une augmentation des niveaux d'ACE sérique a été observée. Toutefois, les niveaux sériques d'ACE ont également augmenté dans les maladies similaires (Beneteau-Burnat B et al 1991). Cependant, elle peut indiquer une maladie vasculaire d'ACE dégradées. En outre, les niveaux de l'ACE chez les personnes en bonne santé est également sujet à des fluctuations importantes qui pourraient s'expliquer par le polymorphisme Délétion/Insertion (D/I) de l'ACE. Les patients fort producteurs d'ACE (D–D) avaient un risque accru de développer une hypertension portale, une atteinte respiratoire plus sévère et une colonisation à *Pseudomonas aeruginosa* plus précoce ; avec aussi une association entre la production élevée d'ACE (patients D–D) et une dégradation plus rapide de la fonction pulmonaire. (Arkwright P.D et al. 2003).

I. Patients

Notre étude a porté sur 76 sujets qui sont répartis en 2 groupes : 38 patients âgés entre 28 jours et 8 ans présentent une symptomatologie évocatrice de mucoviscidose avec un test de la sueur positif (>60mmol/l). Ils sont adressés des différents hôpitaux de la Tunisie. Parallèlement une population témoins de 38 sujets a été étudiée.

II. Méthodes

II.1 Extraction de l'ADN

II.1.1 Principe

Toute étude de génétique moléculaire implique la disposition d'échantillons d'acides nucléiques, ceci est facilité par le fait que toute cellule nucléée renferme dans son noyau l'information génétique de l'individu. Les leucocytes sanguins représentent la source majeure d'ADN pour démarrer toute étude moléculaire.

Les méthodes d'extraction d'ADN sont réparties en 3 principales classes :

- ➢ Méthodes utilisant les solvants organiques, telle que la méthode phénol- chloroforme.
- ➢ Méthodes utilisant les solvants non organiques, telle que la méthode salting- out.
- ➢ Méthodes utilisant des colonnes de résines échangeuses d'ions.

Toutes ces techniques reposent sur trois grandes étapes :

- ➢ Lyse des globules rouges à l'aide d'une solution hypotonique.
- ➢ Lyse des leucocytes.
- ➢ Elimination des protéines et précipitation de l'ADN extrait.

La méthode utilisée dans le présent travail est la méthode d'extraction de l'ADN génomique par relargage ou « salting-out ».

II.1.2 Réactifs (Annexe I)

II.1.3 Protocole expérimental de la méthode salting-out (technique de relargage)

Prélèvement de 10 ml de sang total sur EDTA (anticoagulant et inhibiteur des nucléases).

- ♦ **Lyse des globules rouges :**
- − Le sang prélevé est mélangé avec une solution de lyse des globules rouges ;
- − Congélation pendant 15minutes à -20°C ;

- Centrifugation à 3600 rpm pendant 10 minutes à 4°C ;
- Elimination du surnageant.
- Cette étape est répétée deux à trois fois jusqu'à l'obtention d'un précipité blanc.
- Lavage 2 fois du précipité (leucocytes) avec de l'eau physiologique.

♦ Lyse des globules blancs :

- Mélanger le précipité avec :

  4,5 ml de TE 10/0.1.

  50 µl de PK à10 mg/ml.

  250 µl EDTA.

  250 µl SDS 10%.

- Agiter doucement le mélange jusqu'à devenir visqueux (la viscosité indique que les protéines sont libres)
- Laisser incuber dans un bain marie à 55°C pendant 3heures.

♦ Précipitation des protéines :
- Ajouter 2,15 ml de la solution Na Cl saturée ;
- Agitation vigoureuse jusqu'à avoir une mousse ;
- Centrifugation 10 minutes à 1600 rpm ;
- Récupération du surnageant contenant l'ADN.

♦ Précipitation de l'ADN :
- Ajouter 5ml d'éthanol absolu froid d'un seul coup. L'ADN se précipite sous la forme d'une molécule visible à l'œil nu ;
- Récupérer la molécule d'ADN à l'aide d'une pipette Pasteur ;
- Rincer à l'éthanol 70% et laisser sécher quelques secondes, au bout de la pipette à température ambiante ;
- Redissoudre l'ADN dans un volume de TE10/1 selon son intensité.

II.2 Contrôle de l'ADN

II.2.1 Contrôle qualitatif de l'ADN

La qualité d'ADN est testée par électrophorèse de l'ADN sur gel d'agarose à 0, 8%. Un ADN de bonne qualité se présentera sous forme d'une bande nette et unique, alors qu'un ADN dégradé donnera une image en trainée.

II.2.2 Contrôle quantitatif de l'ADN

L'estimation de la concentration d'ADN se fait par spectrophotométrie en mesurant la densité optique à deux longueurs d'ondes 260 et 280 nm. En effet les bases azotées puriques et pyrimidiques des molécules d'ADN absorbent fortement à 260 nm et les protéines absorbent la lumière à 280 nm.

La concentration de l'ADN est calculée par la formule suivante :

[ADN] = X x facteur de dilution x 50

Avec :

- X : DO à 260 nm.
- 50 : une unité de DO correspond à 50 ng/µl.

La mesure de la DO à 280 nm est nécessaire pour chercher une contamination de l'ADN par les protéines. Le degré de la pureté d'ADN est estimé par le calcul du rapport DO260/DO280 qui doit être compris entre 1,8 et 2,1 pour que l'ADN soit de bonne qualité.

II.3 Réaction de polymérisation en chaine (PCR)

II.3.1. Principe

La PCR « Polymerase Chain Reaction » ou la réaction de polymérisation en chaine est une technique qui permet d'amplifier des séquences (fragments ou régions) d'ADN présents en quantité infinitésimale au début de la réaction (Mullis.K.B et al 1987). Le procédé est basé sur le fonctionnement cyclique d'une ADN polymérase permettant d'obtenir des millions de copies d'un même fragment d'ADN. L'idée est d'hybrider de courtes amorces d'ADN sur les régions flanquant la zone d'intérêt. Un enchaînement de cycle répétitif de dénaturation, d'hybridation des amorces et d'une élongation par la Taq polymérase engendre l'accumulation exponentielle d'un fragment spécifique

La PCR se compose de plusieurs cycles réalisés successivement ; dont chaque cycle comporte trois phases : **(figure 14)**

- **La dénaturation de l'ADN** : Cette étape, généralement effectuée entre 90°C et 95°C, permet de dénaturer les ADN, de décrocher les polymérases qui seraient encore liées à une matrice et d'homogénéiser le milieu réactionnel
- **L'hybridation des amorces ou d'appariement des amorces** : Cette étape est généralement réalisée entre 50°C et 64°C permet aux amorces sens et anti-sens de s'hybrider à l'ADN matrice grâce à une température qui leur est thermodynamiquement favorable.

- **Elongation**: Cette étape permet aux polymérases de synthétiser le brin complémentaire de leur ADN matrice à une température qui leur est optimale (72°C). Ce brin est fabriqué à partir des dNTPs libres présents dans le milieu réactionnel. La durée de cette étape dépend normalement de la longueur de l'amplicon.

Un cycle a été accompli, résultant en la formation de deux fragments d'ADN à partir d'une seule molécule double brin. Le nombre de fragments d'ADN est alors théoriquement doublé à chaque cycle. Le nombre total de fragments d'ADN provenant au départ d'un seul fragment d'ADN double brin est donnée par la formule suivante : 2^n.

Avec **n**= nombre de cycles d'amplification PCR.

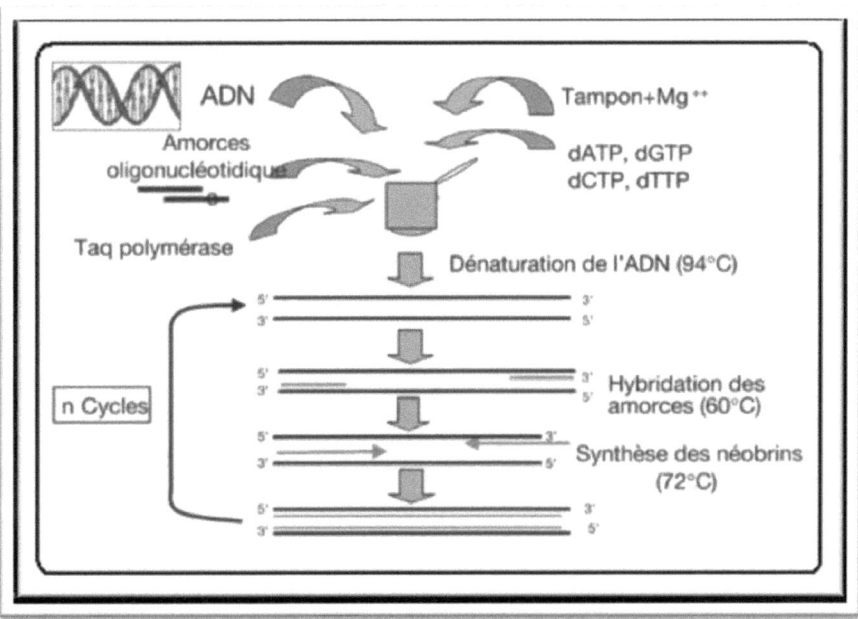

Figure 14 : Principe de la réaction de polymérisation en chaîne (Laudenbach V.2006).

II.3.2 Les réactifs de la PCR

Les acteurs de la PCR sont :

- **L'ADN**

L'ADN est extrait à partir de l'échantillon étudié, cet ADN contenant le fragment à amplifier, est utilisé dans la PCR.

- **Les amorces**

Ce sont des fragments nucléotidiques de courte taille, capables de s'hybrider de façon spécifique, grâce à la complémentarité des bases sur l'un des deux brins d'ADN.

Les amorces sont choisies de façon à encadrer la séquence d'ADN à amplifier. La taille de ces amorces est généralement d'une vingtaine de désoxyribonucléotides.

Pour une amplification spécifique, la température utilisée pour l'hybridation des amorces doit être au moins 3°C au dessous de la température de fusion (Tm est la température à laquelle 50%de l'ADN est sous forme simple-brin). La Tm est calculé selon la formule suivante :

$$Tm=2(A+T) +4(G+T)$$

- **Les Désoxyribo nucléosides-Tri-Phosphates (dATP, dCTP, dGTP, dTTP)**

Les dNTPs sont des molécules de base, qui constituent l'ADN, utilisés par la Taq polymérase pour la synthèse du nouveau brin d'ADN complémentaire.

- **L'enzyme : Taq polymérase**

L'enzyme utilisée est une polymérase permettant de synthétiser un nouveau brin d'ADN à partir du brin matrice, le sens de l'élongation est du côté 5'→3'. Elle est extraite d'une archéobactérie appelée Thermus aquaticus vivant entre 70°C et 80°C et peut supporter des températures allant jusqu'à 96°C.

- **Le milieu réactionnel**

Le milieu réactionnel de la PCR comporte l'ADN à amplifier, les dNTPs, les deux amorces, la Taq polymérase, un tampon de PCR et des ions magnésium(MgCl2). Ces deux derniers composants définissent un milieu avec un pH et une concentration saline optimal pour le bon fonctionnement de l'enzyme. Les éléments constitutifs des tampons les plus communément utilisés sont :

> **Tris HCl pH = 8,3 :** Sert à tamponner le milieu réactionnel au niveau optimal pour l'activité de la Taq polymérase.

> **MgCl$_2$:** L'ion Mg^{2+} est un cofacteur essentiel de la Taq Polymérase. Ce cation bivalent interagit également avec les charges négatives de la chaîne d'ADN, limitant ainsi les forces de répulsion entre brins d'ADN et favorisant donc la stabilité de l'hybridation. Plus sa concentration est importante, plus l'hybridation est facilitée que celle-ci soit spécifique ou non. Une trop forte concentration peut alors conduire à une augmentation des signaux non spécifiques.

> **KCl ou (NH4)$_2$ SO4 :** K+ et SO^{4+} sont des cations monovalents capables d'interagir avec les charges négatives de l'ADN de la même manière que Mg^{2+}.

Le produit amplifié par PCR est ensuite contrôlé par électrophorèse sur gel d'agarose.

III. Amplification des exons 10, 17b, 11, 20, 21 et l'exon 5
✓ **Condition de PCR**

Réactifs	Concentrations et volumes
Tampon de PCR (10X)	1 X
dNTPs (10 mM)	0,5 mM
Amorce sens (10pmol/µl)	0,2 pM
Amorce Anti-sens (10pmol/µl)	0,2 pM
Taq polymérase (5U/µl)	1U
ADN (100ng/ µl)	150 ng
H$_2$O	Qsp50 µl

✓ Séquence des amorces

Tableau II : Les amorces utilisées dans la PCR

		Séquences des amorces	Taille de l'amplicon
Exon 10	C16B	5' GTT TTC CTG GAT TAT GCC TGG CAC 3'	98 pb
	C16D	5' GTT GGC ATG CTT TGA TGA CGC TTC 3'	
Exon 11	H11i5	5'TGCCTTTCAAATTCAGATTGAGC 3'	256 pb
	11i3ter	5'ACAGCAAATGCTTGCTAGACC3'	
Exon 21	21i5a	5'AATGTTCACAAGGGACTCCA3'	477 pb
	21i3	5' CAAAAGTACCTGTTGCTCCA 3'	
Exon 17b	17ib5	5'AATGACATTTtGGATATGAT3'	379 pb
	17bi3	5'CTTAAATGCTTAGCTAAAGT3'	
Exon 20	GC CFi19	5' [40GC] GTCACAGAAGTGATCCCATC 3' (F)	264 pb
	CFi20	5' CCCGCCCTTTTTTCTGGCTAAGTCC 3' (R)	
Exon 5	GC CF5	5' [35GC] TATTTGTATTTTGTTTGTTGA 3'	235 pb
	CF5	5' CTTTCCAGTTGTATAATTTA 3 (R)	

Remarque: *Les amorces utilisées pour l'identification des mutations par la technique de DGGE sont clampées où l'une des amorces est associée à une séquence riche en GC (GC clamp) de taille variable (25-40). (Les amorces de l'exon 20 et de l'exon 5).*

✓ Programme PCR

- Une dénaturation initiale 5min à 94°c
- Phase de dénaturation 50s à 94°c
- Phase d'hybridation 30 s à T°C
- Phase d'élongation 30 s à 72°c
- Phase d'élongation finale 30 s à72°c

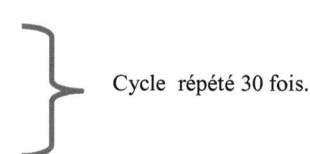

Cycle répété 30 fois.

→Pour l'exon 10 la température d'hybridation est 62°C, pour l'exon 17b, exon 20, exon 21 et exon 11 la température est de 57°C. Alors que pour l'exon 5 elle est de 45°C.

III.1 Etude de l'enzyme de conversion de l'angiotensine I « ACE »

Dans le présent travail nous nous sommes intéressés à l'étude du gène modificateur ACE (enzyme de conversion de l'angiotensine I) chez des sujets mucoviscidosiques. Ce gène fait partie des gènes associés à la réponse immuno-inflammatoire.

Le gène codant pour l'ACE est situé sur le chromosome 17. Un polymorphisme de 287 pb consiste en une insertion délétion (I–D) au niveau de l'intron 16.

- **Amplification de l'intron 16 du gène de l'ACE à la recherche de l'Insertion / Délétion**

Le fragment à amplifier est localisé au niveau de l'intron 16 du gène de l'enzyme de conversion de l'angiotensine.

Les amorces spécifiques **Hace 3s** et **Hace 3as** pour ce fragment d'ADN sont placées de part et d'autre de l'insertion de 287 pb, permettant d'amplifier 2 fragments possibles selon la présence ou l'absence de l'insertion et faisant respectivement 490 et 190 pb **(Figure 15)**.

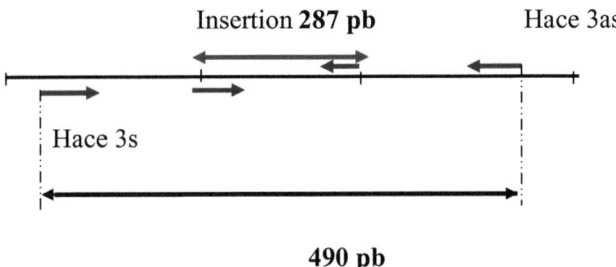

Figure 15 : Amplification au niveau de l'intron 16 du gène de l'ACE.

✓ **Séquence des amorces**

Hace3s	5' gccctgcaggtgtctgcagcatgt 3'
Hace 3as	5' ggatggctctccccgccttgtctc 3'

✓ **Condition de la PCR**

Le milieu réactionnel contient :

Réactifs	Concentrations et volumes
Tampon de PCR (10X)	1X
dNTPs (25 mM)	0,24 mM
Amorce sens (20 pmol/µl)	0,19 pM
Amorce Anti-sens (20 pmol/µl)	0,19 pM
Taq polymérase (5U/µl)	1U
ADN	100 ng
H_2O	Qsp13µl

✓ **Programme PCR**
- Dénaturation : 94°C pendant 30 secs
- Hybridation : 65°C pendant 30 sec   } Cycle répété 30 fois.
- Elongation : 72°C pendant 30 secs
- Elongation finale : 72 °C pendant 7 min

- **Vérification des génotypes DD**

La confirmation du génotype DD chez les sujets présentent la délétion à l'état homozygote est réalisée par amplification avec deux nouvelles amorces **Hace5c** et **Hace5a**.

✓ **Séquence des amorces**

Hace5c	5'tcgcgagccctcccatgcccataa 3'
Hace 5a	5' tgggaccacagcgcccgccactac 3'

✓ Condition de la PCR

Le milieu réactionnel contient :

Réactifs	Concentrations et Quantité
Tampon de PCR (10X)	1X
dNTPs (25 mM)	0,24 pM
Amorce sens (20 pmol/µl)	0,19 pM
Amorce Anti-sens (20 pmol/µl)	0,19 pM
Taq polymérase (5U/µl)	1U
ADN	100 ng
H_2O	Qsp 13µl

✓ Programme PCR
- Dénaturation : 94°C pendant 30 secs
- Hybridation : 65°C pendant 30 sec
- Elongation : 72°C pendant 30 secs
- Elongation finale : 72 °C pendant 7min

Cycle répété 30 fois.

Après amplification le produit de PCR est contrôlé sur un gel d'agarose de 2%.

III.4 Electrophorèse sur gel d'agarose

Le dépôt et la séparation des produits PCR sur un gel d'agarose est une étape indispensable pour vérifier la qualité de la PCR avant toute manipulation.

Le choix de la concentration du gel dépend de la taille du fragment amplifié (tableau III).

✓ Préparation du gel

On dissout 1g d'agarose dans 50ml de tampon Tris-Acide borique-EDTA 1X (TBE) dans un erlenmeyer. Le mélange est porté à ébullition jusqu'à dissolution de l'agarose et obtention d'une solution liquide transparente. Après refroidissement, on ajoute 4µl de bromure d'éthidium (BET), molécule fluorescente qui s'intercale entre les acides nucléiques. Après refroidissement de la solution d'agarose et homogénéisation du BET, le gel est coulé sur cuve horizontale munie d'un peigne dont les empreintes formeront des puits au sein du gel. Apres polymérisation, on immerge le gel dans la cuve contenant du tampon TBE 1X.

Tableau III : Fourchettes de séparation des molécules d'ADN doubles brin linéaire en fonction de la concentration du gel d'agarose.

Concentration en agarose (%)	Fourchette de séparation (Taille de l'ADN en Kb)
0.3	5 à 60
0.6	1 à 20
0.9	0.5 à 7
1.2	0.4 à 6
1.5	0.2 à 3
2	0.1 à 2

✓ **Migration et révélation des produits de PCR**

On mélange 6 µl du produit de PCR et 2 µl du tampon de dépôt, puis on dépose les échantillons dans les puits en présence d'un marqueur de taille à 135 m volts.

Le tampon de dépôt est formé par :

- Un alourdisseur (ficoll) pour empêcher le flottement de l'ADN.
- Un mélange de deux bleu, bromophénol et xylème cyanol, dont le rôle est le suivie indirect de la migration d'ADN. En effet, le bromophénol migre avec les fragments de petite taille et le xylène cyanol migre avec des fragments de grande taille.

Les molécules d'ADN sont chargées négativement à cause de la présence des ions phosphates. Soumises à un champ électrique, les molécules d'ADN migrent vers la cathode. Ainsi, la vitesse de migration d'une molécule d'ADN est fonction de deux paramètres : sa taille et la concentration du gel en agarose qui doit être choisie selon la taille des fragments d'ADN à analyser. La révélation de l'ADN se fait sous la lumière ultra-violette (UV). La qualité de l'amplification est proportionnelle à l'intensité du signal.

IV. Electrophorèse sur gel de polyacrylamide en gradient dénaturant

IV.1 Principe

Cette technique permet l'étude du comportement migratoire des produits d'amplification sur un gel de polyacrylamide contenant un gradient croissant d'agents dénaturants qui sont l'urée et le formamide.

L'ADN double brin commence partiellement à fusionner quand la température de fusion (Tm) la plus basse est atteinte, créant ainsi des molécules branchées. Cette fusion partielle réduit le pouvoir migratoire de la molécule d'ADN au niveau du gel.

La présence d'une mutation crée une déstabilisation du domaine de fusion de la molécule, on observe donc une différence de comportement migratoire entre les hétéroduplexes (brin normal/brin muté) et les homoduplexes (brin normal/brin normal- brin muté/brin muté).

A fin de crée un domaine artificiel de haute stabilité, pour que la région d'intérêt devienne le domaine ou la Tm est la plus basse. Des amorces spécifiques appelées «clamps GC » riches en G et C sont employées.

La DGGE s'effectue dans un bain thermostat à 60°C. L'augmentation linéaire de la température est réalisée grâce au gradient dénaturant formé par l'urée et le formamide. L'action des agents dénaturants sur l'ADN mime une élévation de la température puisque 3% de dénaturant entraîne une augmentation de 1°C de la température. **(Figure 16)**.

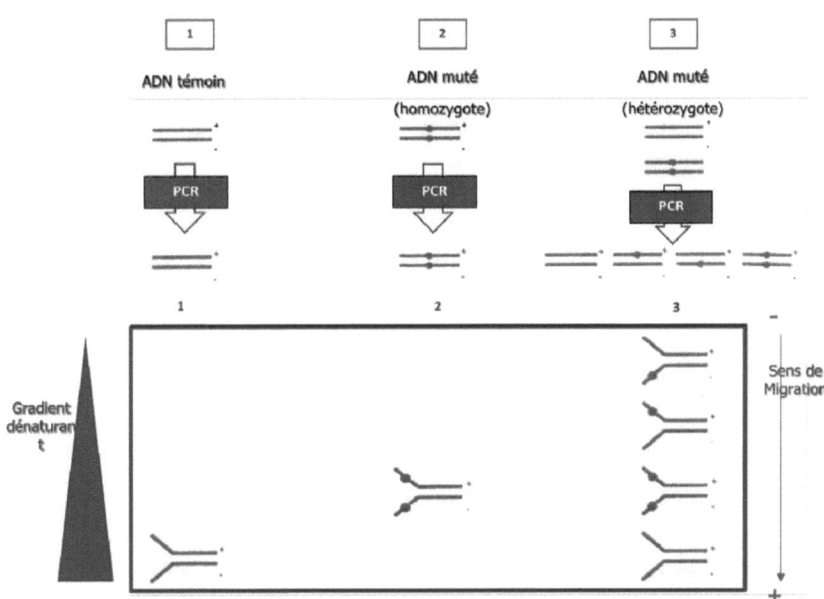

Figure 16 : Principe de la détection d'une mutation ponctuelle par la méthode DGGE (Kaplan 1993).

IV.2 Réactifs (Voir annexes II)

IV.3 Protocole expérimental

Le montage est réalisé avec deux plaques de dimensions 16 x 18 cm et deux espaceurs de 0,75 mm d'épaisseur. L'ensemble est maintenu en position verticale grâce à un dispositif approprié.
Pour l'étude de l'exon 20 et l'exon 5, un gel de polyacrylamide de 20% à 70% de concentration en agents dénaturants est utilisé. Les deux solutions 20 % et 70% sont préparées à partir de deux solutions stocks 0% et 80% de dénaturants auxquels on ajoute les deux agents polymérisants.

- Préparation de la solution 20%

- Mélanger 9 ml de la solution 0% et 3 ml de solution 80%.

- Ajouter 150 µl de PSA 20% et 15 µl de TEMED.

- Préparation de la solution 70%

- Mélanger 1,5 ml de la solution 0% et 10,5 ml de la solution 80%.

- Ajouter 150 µl de PSA 20% et 15 µl de TEMED.

Les deux solutions sont mélangées au niveau d'un préparateur de gradient. Ce dernier est déposé sur un agitateur afin de créer un gradient dénaturant croissant du haut vers le bas. Une fois mélangées, le gel est coulé entre les deux plaques préalablement préparées.
On place le peigne et on laisse polymériser pendant une heure. Après polymérisation, on retire le peigne et on place le gel dans le tampon de migration TAE 1X, chauffé à 60°C.
On prépare les échantillons à étudier en mélangeant 3µl de bleu de DGGE avec 20µl de produits amplifiés.

Après chauffage du gel, les puits sont lavés à l'aide d'une seringue et on y dépose les échantillons avec une pipette Hamilton (50µl).

IV.3 Migration éléctrophorétique et révélation

La migration s'effectue pendant 18 heures à une différence de potentiel de 60 Volts.

Après migration, le gel est retiré du dispositif puis mis dans une solution de TAE 1X contenant le BET pour permettre ensuite la visualisation sous U.V.

V. Chromatographie liquide haute performance en conditions dénaturantes « dHPLC»

V.1 Principe

Il s'agit d'une chromatographie liquide haute performance par appariement d'ions à phase inverse qui permet l'identification des molécules hétéroduplexes. Le produit amplifié est injecté dans une colonne à phase inverse préchauffée. (Le Maréchal C. et al. 2003).
La colonne contient une phase mobile composée de l'acétate de Triéthyl-ammonium (TEAA) et de l'Acétonitrile (ACN) et d'une phase stationnaire électriquement neutre et hydrophobe composée de billes de polystyrène divinylbenzène (PS-DVB) sur lesquelles sont greffés des groupements alkyles C18.
Le TEAA est amphiphile. Il s'absorbe à la phase stationnaire, présentant ainsi une charge positive à la surface des particules qui vont attirer et fixer l'ADN chargé négativement.
La dénaturation provoquée à la fois par la chaleur et par un gradient d'acétonitrile permet la séparation des homoduplexes et des hétéroduplexes.

La réalisation d'une étape de dénaturation partielle à 95°C suivie d'une renaturation lente pour créer les hétéroduplexes, est nécessaire pour que le système puisse détecter la présence d'un mésappariement. **(Figure 17)**.

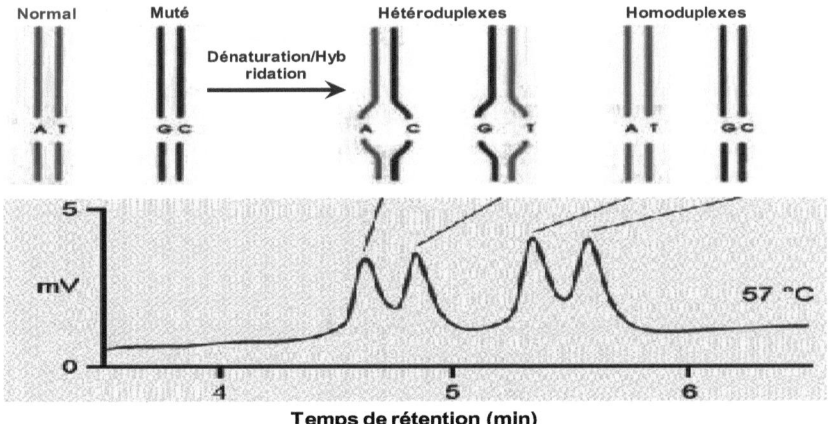

Figure 17 : Principe de la technique DHPLC.

V.2 Protocole expérimental

Le logiciel WAVE MAKER permet de déterminer la courbe de fusion ainsi que la température de réglage du four nécessaire à l'analyse des domaines de la séquence d'ADN des fragments étudiés.

- Injection des échantillons du témoin normal (T-/-) est indispensable pour l'interprétation des résultats
- Le profil d'un témoin normal et d'un témoin homozygote malade sont identiques (un seul pic). Pour pouvoir trancher, il faut mélanger les deux échantillons : témoin normal et ADN à analyser. Après une étape de dénaturation-renaturation, si le profil obtenu est celui d'un hétérozygote on peut conclure que l'ADN à analyser est celui d'un homozygote malade.

V.3 Processus d'analyse

La détection des fragments élués de la colonne se fait par mesure de l'absorbance à 260 nm grâce à une lampe UV.

Les profils obtenus présentent trois pics : un pic d'injection, un pic de l'ADN étudié et un troisième pic celui du lavage de la seringue et de la colonne par la solution D contenant l'ACN.

VI. Technique du séquençage direct selon la méthode de Sanger

VI.1 Principe

Cette technique fut proposée par Sanger.F en 1970. Il s'agit d'une méthode enzymatique qui repose sur l'utilisation de didésoxyribonucléotides (ddNTPs). L'incorporation de ces ddNTPs bloque la synthèse de l'ADN par les ADN polymérases. En raison de l'absence du groupement hydroxyle sur le carbone 3', les ddNTPs sont incapables de former une liaison phosphodiester avec un autre nucléotide. On obtient alors des fragments de tailles différentes dont les extrémités sont marquées.

La migration des fragments synthétisés est effectuée sur un séquenceur automatique par électrophorèse capillaire. L'appareil excite les fragments fluorescents par l'intermédiaire d'un faisceau laser. La fluorescence spécifique des fluorochrome émise est détectée.

Le séquenceur intègre les données de migration et les transforme en éléctrophérogrammes sous forme de pics de couleurs différentes correspondant à la séquence nucléotidique de l'ADN. (Middendorf.R.L et al. 1992). **(Figure 18)**.

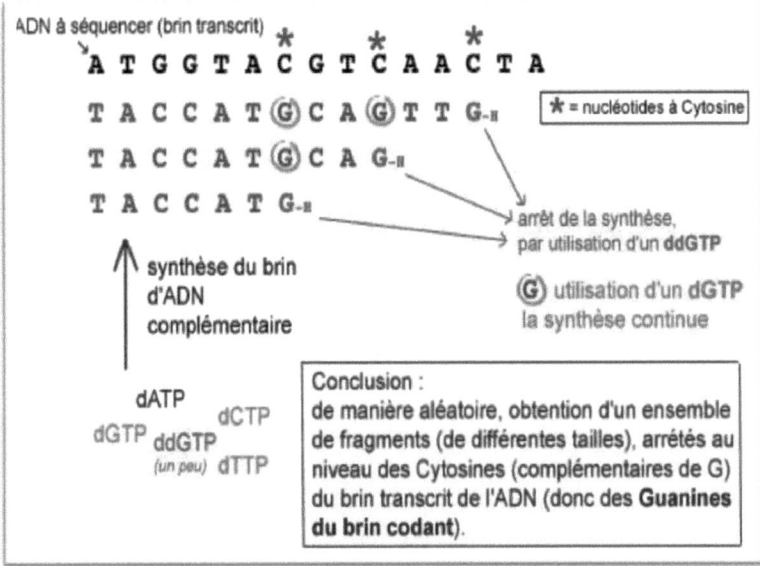

Figure 18 : Principe du séquençage.

(http://www.snv.jussieu.fr/vie/dossiers/sequencage/séquence.htm)

VI.2 Protocole expérimental

VI.2.1 Purification des produits amplifiés

Afin d'éliminer l'excès de dNTPs, d'amorces et de Taq polymérase, le produit d'amplification doit être purifié avant le séquençage. Dans le présent travail, on a eu recours à la purification par Acétate de sodium.

Pour 40 µl de produit PCR on ajoute 100 µl d'éthanol absolu et 4 µl d'acétate de sodium(3M).

- Laisser 15 min à température ambiante dans un tube eppendorf.

- Centrifuger à 10800 rpm pendant 15 min à 4°C.

- Eliminer tout le surnageant.

- Ajouter 20 µl d'éthanol à 75% pour le lavage.

- Centrifuger à 10800 rpm pendant 10 min à 4°C.
- Eliminer le surnageant.
- Sécher sur thermo bloque à 95°C.
- Ajouter 30µl de H$_2$O au précipité.

→ La qualité et l'intensité du fragment amplifié sont contrôlées par électrophorèse sur gel d'agarose à 1,5%.

VI.2.2 Réaction de séquençage

Pour la réaction de séquençage l'une des amorces de la PCR (sens ou anti-sens) est utilisée avec le kit Prism Big Dye Terminator Cycle Sequencing Ready Reaction contenant la Taq polymérase, les dNTPs et les didésoxynucléotides (ddNTPs) marqués avec un fluorochrome (dATP : vert, dTTP : rouge, dCTP : bleu et dGTP : noir).

✓ **Le milieu réactionnel**

Réactifs	Concentrations
Amorce Sens ou anti-sens 3,2 pmol/µl	1 µl
Big Dye terminator Reaction Mix	4 µl
ADN amplifié purifié	2,5 µl
Eau distillée	Qsp 20 µl

✓ **Programme de la réaction de séquençage**

- Dénaturation : 10 secondes à 96°C.
- Hybridation : 5 secondes à 50°C.   } Cycle répété 25 fois
- Elongation : 4 minutes à 60°C.

→ Une purification du produit de séquençage est essentielle afin d'éliminer l'excès de ddNTPs libres et marqués qui peuvent masquer l'analyse du début de la séquence. Cette purification se fait suivant les mêmes étapes que la purification du produit de la PCR.

VI.2.2 Electrophorèse capillaire sur le séquenceur automatique ABI Prism 310

✓ **Principe de l'électrophorèse capillaire**

Cette électrophorèse permet l'analyse qualitative et quantitative des molécules à partir d'échantillons de très faibles volumes. Ces molécules sont injectées dans un capillaire de silice de faible diamètre rempli d'un tampon au sein duquel la séparation est réalisée sous l'action d'un potentiel électrique élevé.

✓ **Conditions de l'électrophorèse**

- Polymère: POP_6 Performance Optimized Polymer 6.
- Capillaire: 50 µm de diamètre et 47 cm de long.
- Tampon de migration : tampon 10X avec EDTA dilué au 1/10.
- Voltage : 15000 V.
- Temps de migration : 36 min pour chaque échantillon.
- Température : 50°C.
- Résolution : 400 pb.

Résultats et Discussion

Dans le présent travail, nous avons étudié le polymorphisme I/D du gène ACE par la technique PCR et montrer son association avec le gène *cftr* de la mucoviscidose en évaluant la fréquence de l'allèle D.

Notre étude a été menée sur 76 sujets qui sont subdivisés en deux groupes : 38 sujets témoins dont l'âge varie entre 2 mois et 8 ans. 38 malades suspects de mucoviscidose qui ont bénéficié d'un test de la sueur dont les valeurs sont compris entre 60 et 200 mmol/l avec une moyenne de 101,80 ± 32,911mmol/l. Toute valeur positive a été confirmée par un 2ème test. L'âge de ces malades varie entre 28 jours et 8ans.

Ces malades ont présenté une hétérogénéité clinique, dont la majorité sont diagnostiqués précocement au cours de la première année de vie, certains sont diagnostiqués plus tardivement en raison d'une symptomatologie clinique discrète.

Tous les malades ont bénéficié d'une étude moléculaire portant sur la recherche des mutations : F508del, E1104X, N1303K, W1282X, G542X et 711+1 G →T.

I. Identification de quelques mutations mucoviscidosiques et étude du gène ACE

I.1. Identification de la mutation F508 del

La mutation la plus fréquente rencontrée chez les malades atteints de mucoviscidose est la F508 del qui correspond à une délétion de trois nucléotides (CTT) au niveau de l'exon 10, entrainant la perte d'une phénylalanine en position 508 de la protéine CFTR. Cette mutation de classe II est présente chez presque 70% des malades mucoviscidosiques (Kerem B et al.1989). En Tunisie elle présente la mutation la plus fréquente avec un pourcentage de 50,75% (Messaoud.T et al .2005). Cette mutation est responsable d'un phénotype sévère qui se traduit par une augmentation des électrolytes dans la sueur, une insuffisance pancréatique et une atteinte pulmonaire souvent sévère. Cette mutation est retrouvée chez 18 de nos patients étudiés (13 homozygotes et 5 hétérozygotes). La mutation F508 del est détectée par la technique dHPLC en condition non dénaturantes (mode Scizing) **(Figure 19).**

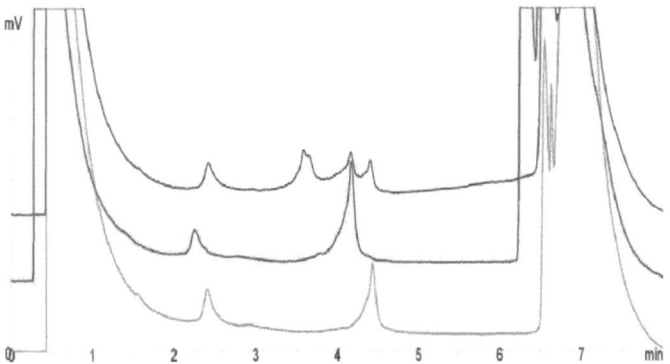

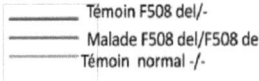
Témoin F508 del/-
Malade F508 del/F508 del
Témoin normal -/-

Figure 19 : Chromatogramme de la mutation F508del à l'état homozygote.

I.2. Identification de la mutation E1104X

La mutation E1104X est une mutation non sens, située dans l'exon 17b, causant un changement d'une guanine (G) par une thymine (T) : G→T à la position nucléotidique 3442 ce qui entraine la transformation de l'acide aminé glutamate par un codon stop en position 1104 de la séquence protéique. (Zielenski J et al. 1995).

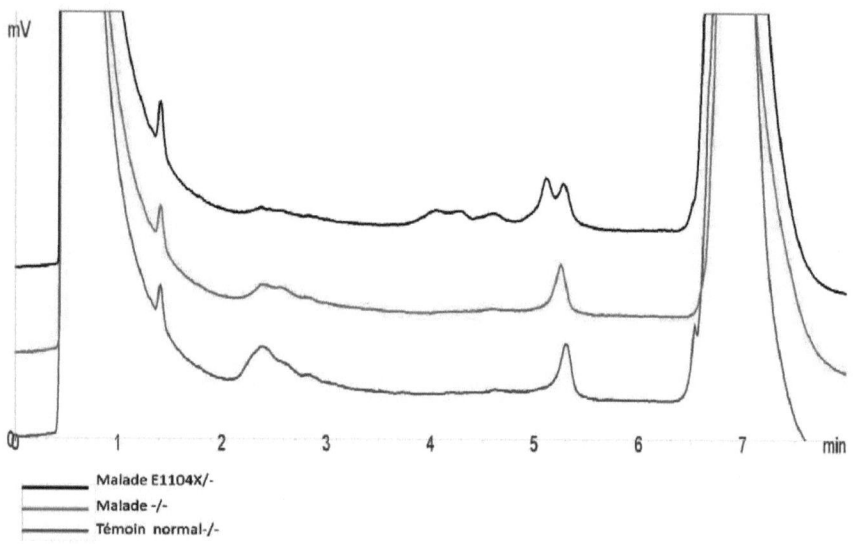

Figure 20 : Chromatogramme de la mutation E1104X à l'état hétérozygote.

La E1104X est une mutation grave, elle est estimée rare dans le monde dont la fréquence ne dépasse pas 1%. Cependant elle présente une fréquence assez élevée de 16,18% en Tunisie (Hadj Fredj S et al.2009). Dans notre série étudiée, elle est retrouvée chez 14 malades (11 homozygotes et 3 hétérozygotes). Cette mutation a été identifiée par la technique dHPLC **(Figure 20)** et a été confirmé par une réaction de séquençage direct **(Figure 21)**.

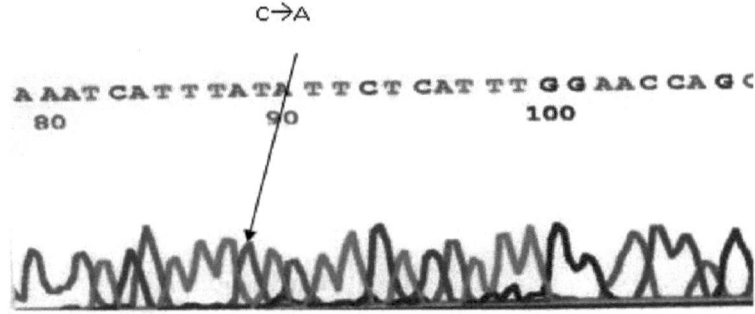

Figure 21 : Profil de séquençage du brin reverse de la mutation E1104X à l'état homozygote.

I.3. Identification de la mutation G542X

La mutation G542X est une mutation non sens localisée sur l'exon 11. Cette mutation correspond à un changement d'une guanine (G) par une thymine (T) : G→T à la position 1756 de la séquence nucléotidique ce qui permet la transformation de l'acide aminé glycine 542 (GGA) par un codon stop (TGA) (Schloesser M et al 1991). La mutation G542X est une mutation sévère appartenant à la classe I présentant une fréquence de 3,67% dans notre population (Hadj Fredj S et al.2009). Elle est identifiée chez 2 malades homozygotes de notre série. La G542X est analysée par la technique dHPLC **(Figure 22)**, et suivie d'une réaction de séquençage direct **(Figure 23)**.

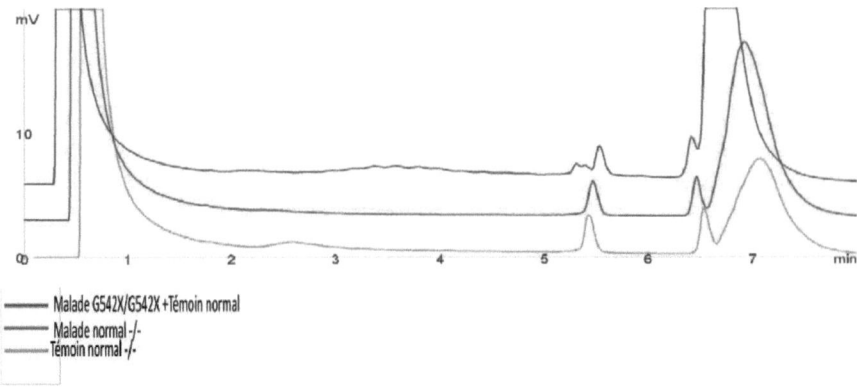

Figure 22 : Chromatogramme de la mutation G542X à l'état homozygote.

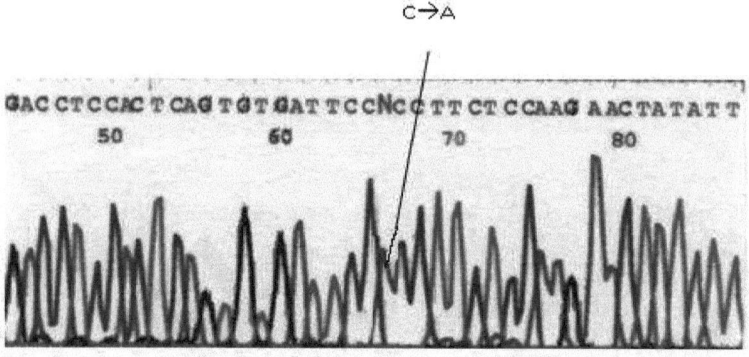

Figure 23: Profil de séquençage du brin reverse de la mutation G542X à l'état homozygote.

I.4. Identification de la mutation N1303K

La mutation N1303K est située dans l'exon 21 dont elle est détectée par la dHPLC **(Figure 24)** et elle a été confirmée par la technique de séquençage direct **(Figure 25)**. Elle correspond à un changement d'une cytosine (C) par une guanine (G) : C→G à la position 4041 causant la transformation de l'acide aminé l'asparagine par la lysine à la position 1303 de la séquence protéique. La mutation N1303K est classée comme une mutation grave à l'égard de la sécrétion pancréatique exocrine ; elle présente une fréquence de 6,62% en Tunisie et elle est présente chez un seul sujet, des patients étudiés à l'état homozygote. (Hadj Fredj S et al.2009).

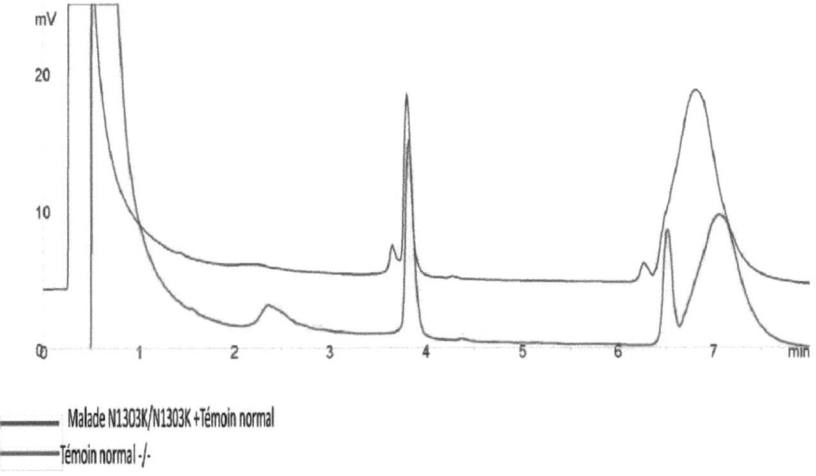

- Malade N1303K/N1303K +Témoin normal
- Témoin normal -/-

Figure 24 : Chromatogramme de la mutation N1303K à l'état homozygote

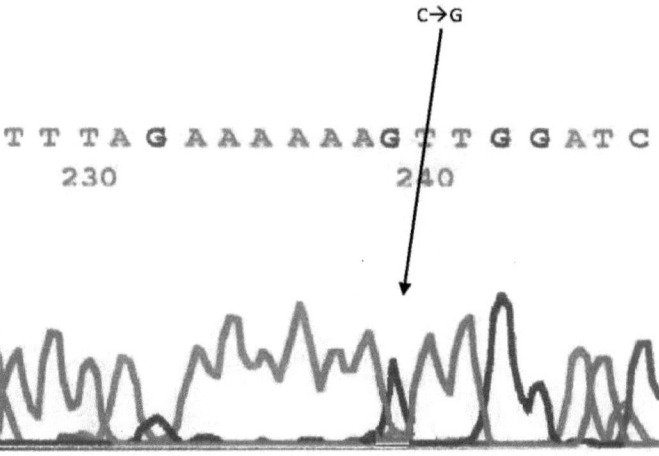

Figure 25 : Profil de séquençage du brin direct de la mutation N1303K à l'état homozygote

I.5. Identification de la mutation W1282X

La mutation W1282X est une mutation non sens située dans l'exon 20 ; entrainant un changement d'une guanine (G) par une adénine (A) : G→ A à la position 3978 permettant la transformation de l'acide aminé tryptophane par un codon stop en position 1282 de la séquence protéique. Cette mutation est identifiée par la technique DGGE **(Figure 26)**, et suivie par séquençage direct **(Figure 27)**. Elle touche 60% des allèles CF chez les Juifs ashkénazes (Shoshani T et al. 1994) alors qu'en Tunisie elle est de 4,41% (Hadj Fredj S et al.2009). La W1282X, appartenant à la classe 1 menant à la terminaison prématurée de la traduction de l'ARN messager, est retrouvée chez 2 malades homozygotes de notre étude.

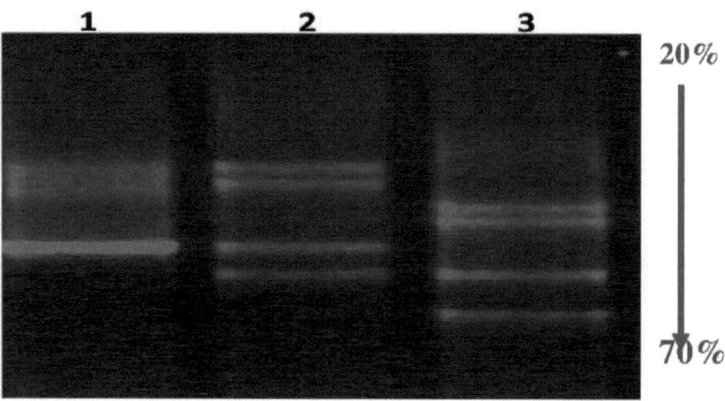

Figure 26 : Profil DGGE de la mutation W1282X.

Puits 1 : Malade W1282X/W1282X

Puits 2 : Témoin hétérozygote W1282X/-

Puits 3 : Témoin hétérozygote P1290P/- .

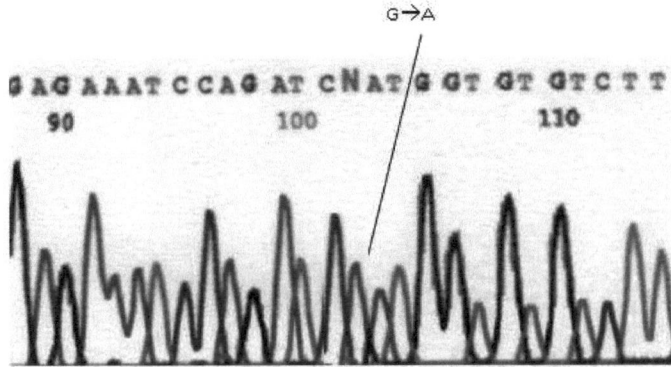

Figure 27 : Profil de séquençage du brin direct de la mutation W1282X à l'état homozygote.

I.6. Identification de la mutation 711+1 G →T

La mutation 711+1 G →T est une mutation localisée sur l'intron 5 entrainant un défaut d'épissage de l'ARNm. Cette mutation présente une fréquence de 5,88% dans notre population, on le trouve que chez un seul malade de nos patients étudiés à l'état homozygote. (Hadj Fredj S et al.2009). La mutation 711+1 G→T est identifiée par la technique DGGE **(Figure 28)** et a été complété par une réaction de séquençage direct **(Figure 29)**.

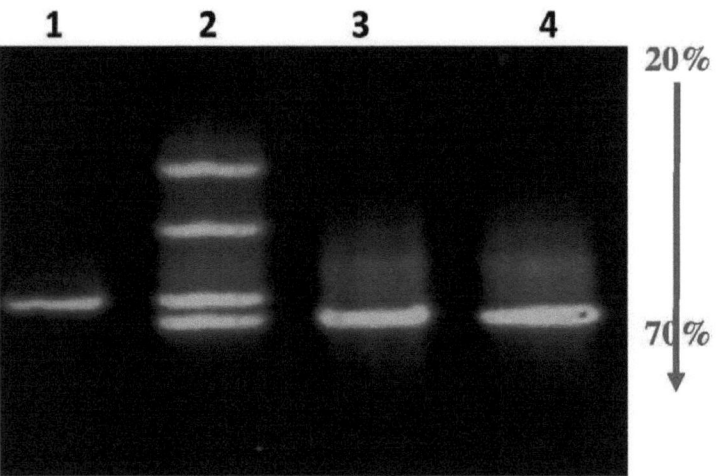

Figure 28 : Profil DGGE de la mutation 711+1 G→T.

Puits 1 : Malade 711+1 G→T / 711+1 G→T

Puits 2 : Témoin hétérozygote

Puits 3 et 4 : Malades normales -/-

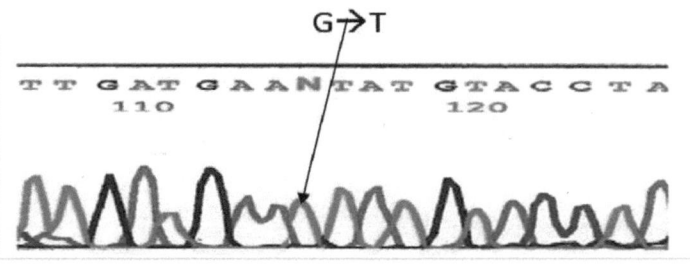

Figure 29 : Profil de séquençage du brin direct de la mutation 711+1 G→T à l'état homozygote.

Chez les 38 sujets étudiés, 6 mutations ont été identifiées, dont les mutations F508del et E1104X sont les plus fréquentes. (Tableau IV).

Tableau IV : Les Mutations identifiées chez les 38 patients étudiés.

Les mutations étudiées	Nombre de chromosomes
F508del	36
E1104X	28
G542X	4
W1282X	4
N1303K	2
711+1G→T	2

II. Étude du gène ACE

Nous avons analysé le polymorphisme génétique insertion/délétion (I/D) de l'enzyme de conversion d'angiotensine I (ACE) à travers une étude cas-témoins. La séquence d'intérêt a été amplifiée par PCR et analysée par électrophorèse sur gel d'agarose (2%).

L'enzyme de conversion de l'angiotensine I (ACE) est une cytokine pro-inflammatoire qui fait partie des gènes associés à la réponse immuno-inflammatoire qui intervient dans la progression de la maladie.

Le gène codant pour l'ACE est situé sur le chromosome 17. Un polymorphisme de 287 pb consiste en une insertion délétion (I–D) au niveau de l'intron 16. La taille des fragments amplifiés : 490 pb, 190 pb correspondent respectivement aux homozygotes de génotype II (Insertion/Insertion) et DD (Délétion/Délétion). Les deux bandes 190 pb et 490 pb ont été identifiées dans le cas de l'hétérozygote de génotype ID (Insertion/Délétion).

Les résultats de la PCR sont présentés par les figures ci-dessous **(Figures 30, 31, 32, 33,34 et 35)**.

II.1 Etude du polymorphisme insertion/délétion pour la mutation F508del :

L'étude du polymorphisme I/D de la mutation F508del a été effectuée par la technique PCR. La taille des fragments amplifiés est de 490 pb, 190 pb. Le contrôle de l'amplification sur un gel d'agarose à 2%. Les résultats de la PCR sont représentés par la figure ci-dessous **(Figures 30)**.

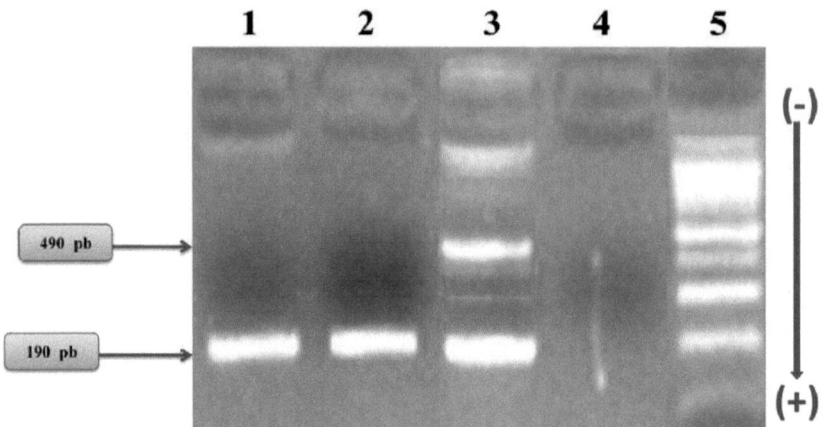

Figure 30 : Profil de migration éléctrophorétique du polymorphisme I/D pour la mutation F508 del.

Puits 1 et 2 : génotype DD.

Puits 3 : génotype ID.

Puits 4 : Témoin négatif

Puits 5 : Marqueur de poids moléculaire (Promega 100 pb).

II.2 Etude du polymorphisme insertion/délétion pour la mutation E1104X

La figure 31 illustre le résultat de l'ADN amplifié du gène ACE pour la mutation E1104X.

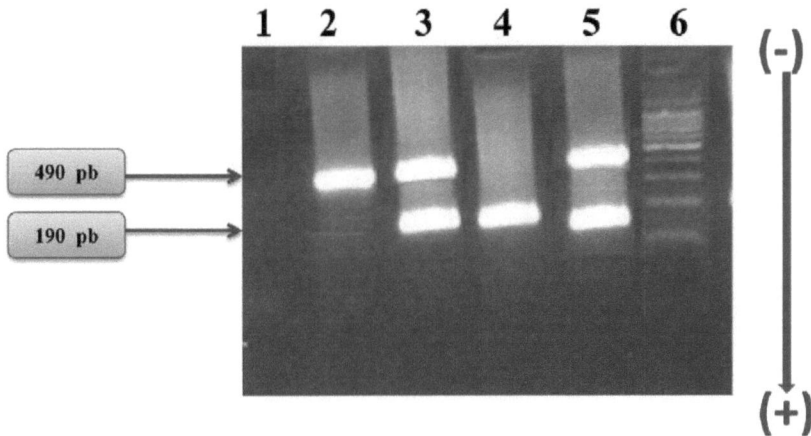

Figure 31 : Profil de migration éléctrophorétique du polymorphisme I/D pour la mutation E1104X.

Puits 1 : Témoin négatif.

Puits 2 : génotype II.

Puits 3 et 5 : génotype ID.

Puits 4 : génotype DD

Puits 6 : Marqueur de poids moléculaire (Promega 100 pb).

II.3 Etude du polymorphisme insertion/délétion pour La mutation G542X

Le polymorphisme I/D de la mutation G542X esr représenté sur un gel d'agarose 2%.

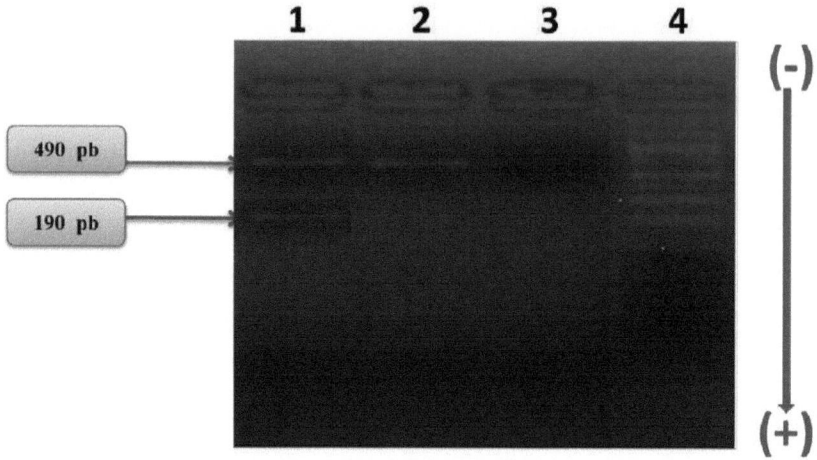

Figure 32 : Profil de migration éléctrophorétique du polymorphisme I/D pour la mutation G542X.

Puits 1 : génotype ID.

Puits 2 : génotype II.

Puits 3 : Témoins négatif.

Puits 4 : Marqueur de poids moléculaire (Promega 100 pb).

II.3 Etude du polymorphisme insertion/délétion pour la mutation W1282X

Les produits de PCR de la mutation W1282X a été représenté sur un gel d'agarose 2%. Les bandes 49pb et 190 pb nous a permis d'identifier deux génotypes un hétérozygote malade qui est représenté par deux bandes 490 pb et 190 pb et un homozygote muté qui est indiqué par une seule bande de 190 pb.

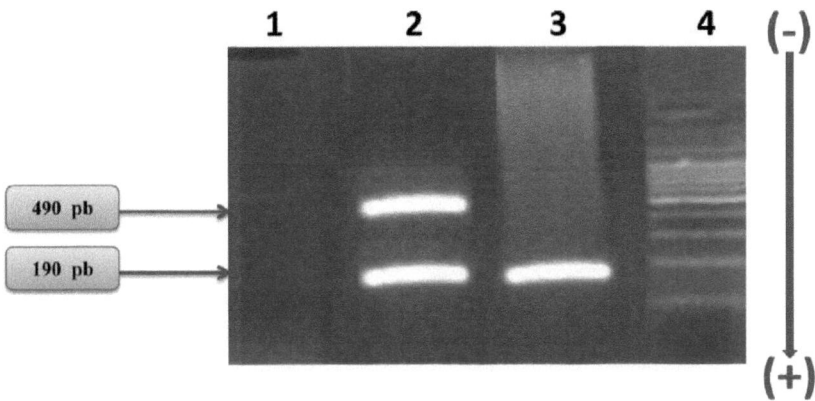

Figure 33 : Profil de migration éléctrophorétique du polymorphisme I/D pour la mutation W1282X.

Puits 1 : Témoins négatif.

Puits 2 : génotype ID.

Puits 3 : génotype DD.

Puits 4 : Marqueur de poids moléculaire (Promega 100 pb).

II.4 Etude du polymorphisme insertion/délétion pour la mutation N1303K

Le contrôle de PCR de l'ADN amplifié du gène ACE est illustré par la figure ci-dessous :

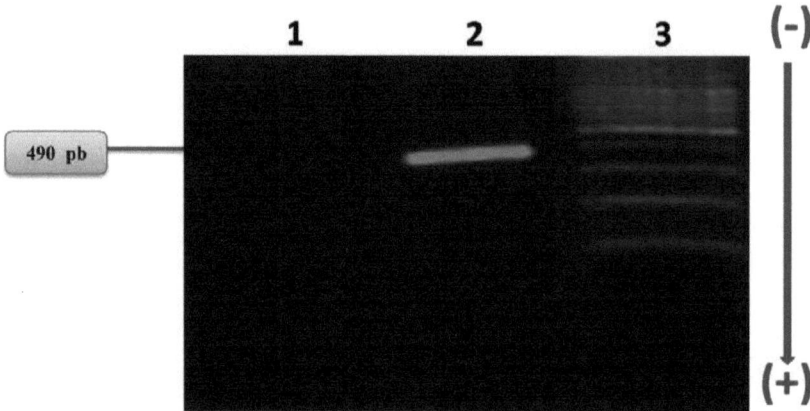

Figure 34 : Profil de migration éléctrophorétique du polymorphisme I/D pour la mutation N1303K.

Puits 1 : Témoins négatif.

Puits 2 : génotype II.

Puits 3 : Marqueur de poids moléculaire (Promega 100 pb).

II.5 Etude du polymorphisme insertion/délétion pour la mutation 711+1 G→T

Le contrôle de l'ADN amplifié du gène ACE est présenté par électrophorèse sur gel d'agarose 2% **(Figure 35).**

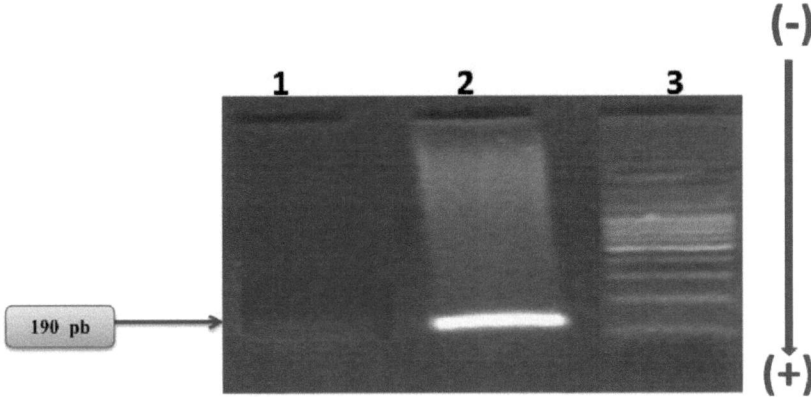

Figure 35 : Profil de migration éléctrophorétique du polymorphisme I/D pour la mutation 711+1 G→T.

Puits 1 : Témoins négatif.

Puits 2 : génotype DD.

Puits 3 : Marqueur de poids moléculaire (Promega 100 pb)

II.6 Contrôle de PCR pour les témoins :

Nous avons également étudié le polymorphisme (Insertion/Délétion) chez les 38 témoins. **(Figure 36).**

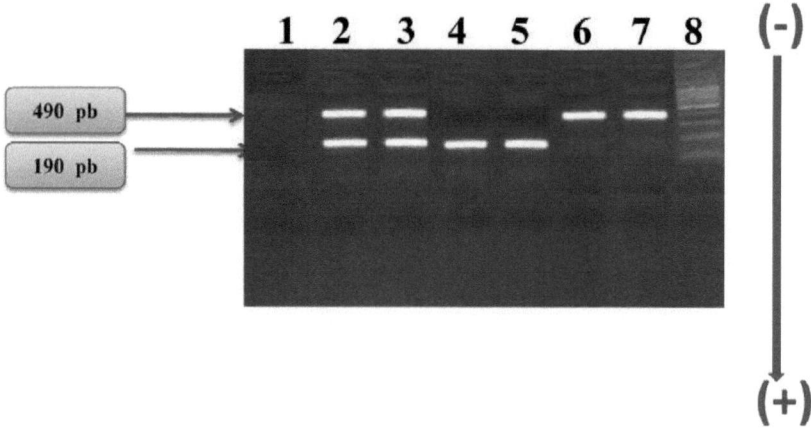

Figure 36 : Profil de migration éléctrophorétique des produits de PCR du gène ACE pour les témoins.

Puits 1 : Témoin négatif.

Puits 2 et 3 : génotype ID.

Puits 4 et 5 : génotype DD.

Puits 6 et 7 : génotype II.

Puits 8 : Marqueur de poids moléculaire (Promega 100 pb).

II.7 Confirmation de produit de PCR dans le cas de gènotype DD :

L'étude du gène ACE a été complétée par une PCR de confirmation dans le cas des individus ayant le génotype DD, par l'absence d'amplification du fragment d'ADN en question **(figure 37)**.

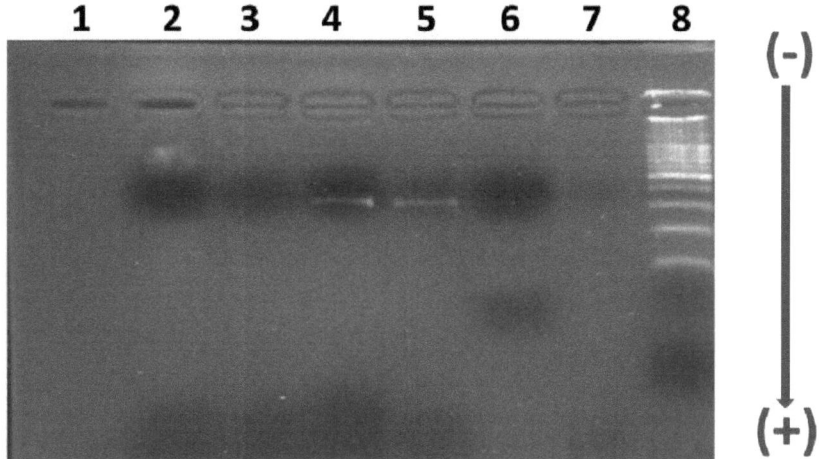

Figure 37 : profil de migration éléctrophorétique des produits de PCR de confirmation des individus de génotype DD.

Puits 1,2, 3 et 6 : génotype DD.

Puits 4 et 5 : génotype ID.

Puits 7 : Témoin négatif.

Puits 8 : Marqueur de poids moléculaire (Promega 100 pb).

II. 8 Etude de gènotype DD

Chez les 38 malades étudiés, on a 18 enfants qui ont la mutation la plus fréquente F508 del dont 7 d'entre eux présentent le génotype DD, 9 le génotype ID et seulement 2 patients de notre série sont de génotype II. Tandis que pour la mutation non sens E1104X on a trouvé pour les 14 malades 8 qui ont le génotype ID, 5 de génotype DD et 1seul enfant indique un génotype II. Pour le reste des mutations rares dans le monde et en Tunisie, l'échantillonnage était très réduit ce qui a posé quelques difficultés au niveau de l'interprétation.

Tableau VII : Répartition des fréquences alléliques dans les groupes 1 et 2.

	D		I		Total
Groupe 1	45	61%	29	39%	74
Groupe 2	42	55%	34	45%	76

Groupe 1 : les patients mucoviscidosiques.

Groupe 2 : les témoins.

Tableau VIII : Répartition des fréquences génotypiques des patients étudiés et les témoins.

Génotype %	Les patients étudiés	Les témoins
	(n : 38)	(n : 38)
DD	37,21	30,25
ID	47	49,5
II	15	20,25

La mucoviscidose est une maladie multi viscérale complexe due à un dysfonctionnement de la protéine CFTR. Le diagnostic de cette pathologie est dévoilé devant un tableau clinique caractérisé essentiellement par une atteinte digestive et/ou respiratoire.

Les signes respiratoires et l'infection des voies aériennes aux quels s'ajoute aussi une atteinte digestive dominent considérablement le tableau clinique dans la majorité des sujets étudiés.

En effet, 45% de nos malades ont présenté une atteinte respiratoire et une atteinte digestive. Le syndrome respiratoire se manifeste par des bronchites récidivantes et une toux chronique. Une infection chronique par *Pseudomonas aeruginosa* (bacille pyocyanique) constitue la complication infectieuse principale de la maladie. L'atteinte digestive est caractérisée par une insuffisance pancréatique exocrine accompagnée par une diarrhée chronique avec émission de selles volumineuses et graisseuses. Cette diarrhée chronique est responsable d'une hypotrophie pondérale puis staturale chez les patients mucoviscidosiques.

35% de nos patients présentent uniquement une atteinte digestive. Outre les atteintes digestives, on observe également une atteinte pulmonaire chez 20 % de nos malades.

L'étude clinique des patients étudiés montre une hétérogénéité phénotypique. Ces signes cliniques nous ont permis de classer nos malades en trois groupes: malades avec une atteinte respiratoire, malades avec une atteinte digestive et malades avec une atteinte mixte (digestif et respiratoire) **(Figure 38)**.

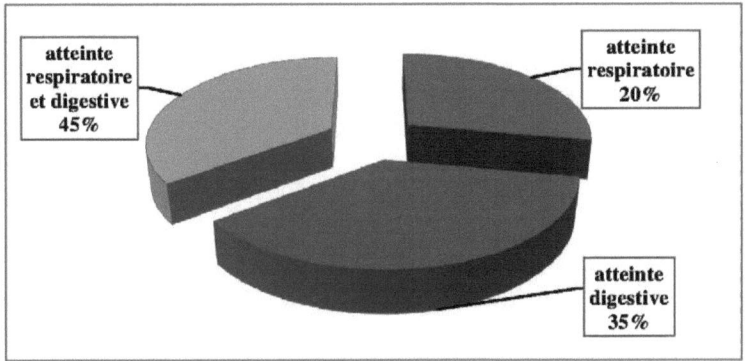

Figure 38 : Répartition des malades selon la symptomatologie clinique.

Une étude moléculaire a été menée sur les 38 sujets suspects de mucoviscidose pour l'identification des mutations mucoviscidosiques en cause par différentes techniques de biologie moléculaire : la dHPLC, la DGGE suivies d'une réaction de séquençage direct.

Cette étude nous a permis d'identifier six mutations dont les plus fréquentes sont la F508 del et la E1104X qui présentent des fréquences respectives de 47,36% et 36,84% chez nos sujets étudiés. Elles sont suivies par les mutations N1303K, 711+1 G→T, W1282X et G542X. Ces résultats sont en accord avec deux études précédentes (Messaoud.T et al .2005) (Hadj Fredj S et al.2009).

Dans le présent travail, nous avons étudié le polymorphisme Insertion/Délétion (I/D) du gène modificateur ACE. Nous remarquons une faible prédominance du génotype DD chez les patients mucoviscidosiques par rapport au groupe témoin étudié. En effet, le génotype DD est présent chez les 38 malades étudiées avec une fréquence de 37,21% par rapport aux témoins 30,25%. A l'opposé, le génotype ID était plus fréquent chez les témoins (49,5%). La fréquence du génotype II est de 20,25% pour les témoins et 15% chez nos malades (Tableau VII). Nous avons noté également une association entre le génotype DD et les enfants présentant la mutation F508 del homozygote alors que la plupart des F508del hétérozygotes ont une liaison avec le génotype ID ceci montre la présence d'une association entre la sévérité de la mutation et l'effet néfaste du gène ACE lors de la présence du génotype DD. Toutefois, la plupart des patients E1104X homozygotes sont de génotype ID.

Par ailleurs, Les résultats obtenus dans notre série ont montré que l'allèle D est légèrement plus fréquent que l'allèle I. En effet, l'allèle D a été retrouvé avec 61,84% chez les 38 sujets mucoviscidosiques et de 55% chez les témoins étudiés (Tableau VI). Cependant, aucune différence significative n'a été trouvée entre l'allèle D et I par le test Khi-deux χ^2. Ceci peut être expliqué par le nombre réduit des malades analysés. Une étude similaire effectuée sur 259 patients dans la population anglaise a montré que les patients mucoviscidosiques présentant le génotype DD avaient un risque accru de développer une hypertension portale. Arkwright et al ont trouvé également une association entre la fréquence élevée du génotype DD et une dégradation plus rapide de la fonction pulmonaire des patients mucoviscidosiques (Arkwright PD et al, 2003). En effet, dans le présent travail nous avons observé une atteinte respiratoire sévère chez 8 enfants de nos patients DD présentant une infection précoce par *Pseudomonas aeruginosa* dés les premiers mois de vie. La détérioration de leur état clinique pourrait être expliquée par la présence de l'allèle D qui peut être considéré comme un facteur de risque de la mucoviscidose.

Vu la rareté des autres mutations analysées et le nombre réduit des malades étudiés aucune relation ne peut être établie entre le génotype trouvé et la mutation étudiée. Tel que le cas de la mutation 711+1G→T identifié uniquement chez un de nos patients. Nous ne pouvons pas conclure que cette mutation est associée au polymorphisme I/I.

L'étude moléculaire nous a permis d'établir des relations entre le génotype et le phénotype des patients étudiés. La mutation F508del aboutit à la perte d'une phénylalanine à la position 508 de la séquence protéique. Elle induit un repliement néfaste de la protéine ce qui empêche son glycosylation et son routage vers la membrane des cellules épithéliales ce qui lui confère son état sévère (Welsh MJ et al, 1993). La majorité des formes homozygotes F508del/F508del présente une insuffisance pancréatique (7 /18).

De plus, la détérioration de la fonction respiratoire est plus rapide chez les patients homozygotes F508 del. Ceci peut être expliqué pour la plupart des cas par la présence de l'allèle D.

La mutation non-sens E1104X semble être une mutation sévère puisque les 9 patients portant cette mutation présentaient une symptomatologie sévère de la maladie associant dans la plupart des cas une atteinte digestive avec insuffisance pancréatique et une atteinte respiratoire.

La corrélation génotype-phénotype la plus évidente concerne l'insuffisance pancréatique. Dans l'étude initiale de Kerem et al en 1990 sur 293 patients, 99% des homozygotes F508del ont une insuffisance pancréatique, alors que 28 % des patients hétérozygotes composites F508del/non-F508del et 64% des patients mucoviscidosiques non-F508del/non-F508del sont suffisants pancréatiques (Kerem E et al, 1990). Kerem et al ont émis l'hypothèse selon laquelle un enfant développerait une insuffisance pancréatique, s'il porte deux mutations dites « sévères » (S). En revanche, s'il porte seulement une mutation S et une mutation dite « modérée » (M) ou deux mutations M, il n'y aurait pas d'insuffisance pancréatique. Cette hypothèse a été ultérieurement confirmée et a permis de classer les mutations en mutations sévères et modérées. De façon générale, les mutations non-sens telles que G542X, W1282X et E1104X, celles entraînant un déphasage du cadre de lecture et celles affectant les sites d'épissage sont dites « sévères ». Par contre, les mutations faux-sens peuvent être considérées comme « sévères » ou « modérées ». Les patients porteurs d'au moins une mutation « modérée » ont une moindre détérioration de leur fonction respiratoire et une colonisation par *Pseudomonas aeruginosa* plus tardive que les patients porteurs de deux mutations « sévères », (individu homozygote), qui de plus sont insuffisants pancréatiques.

D'une manière générale, la fonction pulmonaire, l'âge de début de la maladie et le taux de chlore sudoral sont difficilement corrélés à un génotype particulier. D'autre part, la gravité et la variété des symptômes observés au sein d'une même fratrie laissent prévoir que le génotype seul, au niveau du gène *cftr*, ne pourrait pas expliquer totalement le phénotype (Zielenski 2000). Dans la littérature, les observations rapportées chez des jumeaux portant la même mutation du gène *cftr* semblent indiquer que les facteurs environnementaux ne jouent pas un rôle dominant. Ces données suggèrent donc fortement l'intervention de variants génétiques, en dehors du locus *cftr*, dans l'expression phénotypique de la maladie et orientent vers la recherche de gènes modificateurs (Corvol.H et al, 2006).

C'est pourquoi, nous avons choisi d'étudier le gène ACE pour prévoir l'effet de l'allèle D sur le phénotype observé. Nous avons noté une variabilité de l'expression clinique au sein d'une famille qui présente la mutation F508del à l'état hétérozygote. Les deux frères présentent tous les deux un retard de croissance staturo- pondérale. Le sujet 1 présente une atteinte pulmonaire avec broncho-pneumopathie récidivante avec une précocité de la colonisation par *Pseudomonas aeruginosa* accompagnée par une diarrhée chronique alors que le 2éme sujet ne présente pas l'atteinte respiratoire. Ce ci peut être expliqué par la différence génotypique entre les deux frères dont le premier sujet présente le génotype DD alors que le deuxième enfant a un génotype II. La présence de l'allèle D chez le sujet 1 entraine donc la détérioration de son état clinique.

L'atteinte pulmonaire dans la mucoviscidose est caractérisée par un déficit dans la défense antimicrobienne entraînant des infections pulmonaires accompagnées d'une inflammation intense et aboutissant à une altération pulmonaire. Les gènes pouvant moduler la réponse aux infections sont donc candidats à modifier l'atteinte pulmonaire dans la mucoviscidose. L'inflammation précoce et excessive est un des facteurs déterminants de l'atteinte pulmonaire dans la mucoviscidose. L'élément déclenchant cette réponse inflammatoire reste actuellement débattu. L'inflammation est certes due en partie aux infections de l'appareil respiratoire mais elle pourrait même les précéder, comme le suggère la présence précoce de composants inflammatoires dans les voies respiratoires d'enfants atteints de mucoviscidose en dehors de toute infection détectable.

A côté, du gène ACE plusieurs autres gènes candidats ont été récemment testés tels que les gènes associés à la défense antimicrobienne (Mannose Binding Lectin « MBL » Monoxyde d'azote « NO ») ; gènes associés à la réponse immuno-inflammatoire (Tumor Necrosis Factorα « TNFα »,Transforming Growth Factor-β « TGF-β »,interleukine-10 « IL10 »), les gènes associés au système oxydants antioxydants et les gènes associés au système èlastase antièlastase et d'autres qui pourront moduler le phénotype chez les sujets mucoviscidosiques(Corvol.H et al, 2006).

Conclusion

La mucoviscidose est la plus fréquente des affections héréditaires à transmission autosomique récessive dans les populations d'origine caucasienne. Elle est déterminée par une anomalie du transport épithélial des électrolytes conduisant ainsi à un dysfonctionnement généralisé des glandes exocrines et des valeurs élevées de chlorure de sodium dans la sueur. Plus de 1800 mutations du gène *cftr* ont été décrites, n'expliquant qu'en partie l'extrême hétérogénéité clinique. Les facteurs de l'environnement ne permettant pas d'expliquer la grande diversité des formes de la maladie. De ce fait, l'intervention des gènes modificateurs en dehors du gène *cftr* dans la représentation phénotypique de la maladie est strictement illuminée. L'identification de ces gènes doit permettre, en repérant dès les premiers mois de vie par le dépistage néonatal les patients à risque de développer une forme sévère de la pathologie, une prise en charge plus adaptée pour ralentir la progression de la maladie.

Dans le présent travail, nous nous sommes intéressés à l'étude d'un gène modificateur l'ACE par la technique PCR. L'ACE est un gène associé à la réponse immuno- inflammatoire qui a pour rôle de modifier la réponse aux atteintes des patients mucoviscidosiques et par conséquent à l'expression phénotypique des malades.

Dans un premier volet, nous avons dirigé une étude moléculaire chez les 38 sujets mucoviscidosiques étudiés par différentes techniques de Biologie Moléculaire. Nous n'avons identifié que six mutations dont les plus fréquentes sont la F508del et E1104X.

Dans un deuxième volet, nous avons étudié une association entre le polymorphisme I/D du gène ACE et le gène *cftr* de la mucoviscidose. Nous avons noté une légère prédominance de l'allèle D chez les sujets par rapport aux témoins analysés.

Nous avons également mené une étude de corrélation entre le phénotype et le génotype, ce qui nous a permis de mieux comprendre l'hétérogénéité clinique de la mucoviscidose. Cette pathologie doit être considérée comme une maladie aux phénotypes très divers qui ne s'expliquent pas seulement par le génotype au locus *cftr*, demeurant le déterminant génétique majeur, mais aussi par l'influence des facteurs environnementaux et des gènes modificateurs. Il est probable que l'intervention du gène ACE soit accompagnée par celle d'autres gènes candidats. C'est pourquoi ces derniers devraient solliciter l'intérêt des chercheurs et être l'objet de futurs travaux plus exhaustifs.

-A-

Akata D Akhan O (2007). **Liver manifestations of cystic fibrosis.** Eur J Radiol *61*: 11-17.

Andersen D H (1938).**Cystic fibrosis of the pancreas and its relation to celiac disease: a clinical and pathological study.** Am J Dis Child 56:344-399.

Arkwright PD, Pravica V, Geraghty PJ (2003) **End-organ dysfunction in cystic fibrosis: association with angiotensin I converting enzyme and cytokine gene polymorphisms.** Am J Respir Crit Care Med 167:384-389.

-B-

Baudin B. **New Aspects on Angiotensin-Converting-Enzyme: from Gene to disease** (2002). Clin. Chem. Lab. Med.40 (3): 256-265.

Bellis G, Ravilly S, Le Roux E, Dufour F (2007).**Épidémiologie et physiopathologie de la mucoviscidose.** Revue Francophone des laboratoires 397 :25-36.

Beneteau-Burnat B, Baudin B (1991). **Angiotensin-converting enzyme: clinical applications and laboratory investigations on serum and other biological fluids.** Crit. Rev. Clin. Lab. Sci 28: 337-356.

Bienvenu T (1997).**Les bases moléculaires de l'hétérogénéité phénotypique dans la mucoviscidose.** Ann Biol Clin 55: 113-121.

Bienvenu T (2003). **La mucoviscidose : les relations entre le génotype et le phénotype Cystic fibrosis : correlation between genotype and phenotype.** Archive de pédiatrie 10(suppl.2):318s-324s.

Bodadilla L, Milan Macek Jr, Jason P, Philip M Farrell (2002).**Cystic fibrosis: A worldwide analysis of CFTR mutations: correlation With Incidence Data and Application to Screening.**

Human mutation 19:575-606.

-C-

Cambien F, Soubrier F (1995).**the angiotensin-converting enzyme: molecular biology and implication of the gene polymorphism in cardiovascular diseases.** Hypertension:Pathophysiology, Dignosis, and Management, Second Edition.

Catherine V (2007).**Etude des mécanismes moléculaires responsables d'un état inflammatoire intrinsèque dans la mucoviscidose.** Université de Liège, faculté des sciences. Laboratoire de génétique humaine.

Collins F.S (1992). **Cystic fibrosis: Molecular biology and therapeutic implications**.Science 256: 774-779.

Corvol H, Brouard J, Clément A (2005). **Les gènes modificateurs dans la mucoviscidose.** Mt Pédiatr. 8 :150-155.

Corvol H, Flamant C, Vallet C, Clément A, Brouard J (2006).**Les gènes modificateurs dans la mucoviscidose Modifier genes and cystic fibrosis.** Archives de pédiatrie 13: 57–63.

Cutting G. R (2002). **Cystic fibrosis**, Vol 2; Fourth Edition, Churchill Livingstone.

-D-

Dawson K. P, Frossard P.M (2000).**A hypothesis regarding the origin and spread of the cystic Fibrosis mutation deltaF508**. Qjm 93 : 313-315.

De Boeck K (2006).**Méthodes diagnostiques, caractéristiques cliniques et conseil dans la mucoviscidose** Ann Nestlé [Fr] 64:119–130.

Deneuville E, Beucher J, Roussey M (2007).**Les manifestations respiratoires de la mucoviscidose** .Revue francophone des laboratoires 397 :37-42.

Desideri-Vaillant C, Creff J, Le Marchal C, Maolic V, Férec C (2004). **Implication du gène *cftr* dans la stérilité masculine associée à une absence de canaux déférents : Spectrum of CFTR mutations in congénital absence of the vas deferns** : Immuno-analyse et biologie spécialisée 19 :343-350.

Di Sant'Agnese P.A, Darling R. C, Perera G. A, Shea E (1953). **Abnormal electrolyte composition of sweat in cystic fibrosis of the pancreas; clinical significance and relationship to the disease.** Pediatrics *12* : 549-563.

Durieu I, Nove Josserand R (2008). **La mucoviscidose en 2008.** La revue de médecine interne 29 : 901 -907.

Davies J.C (2006). **New tests for cystic fibrosis.** 7(1):141-143.

Davies J, Alton E, Griesenbach U (2005). **Cystic fibrosis modifier genes.** J R Soc Med 98 (45): 47-54.

Davies J, Neth O, Alton E, Klein N, Turner M (2000). **Differential binding of mannose-binding lectin to respiratory pathogens in cystic fibrosis.** Lancet 355: 1885-1886.

Davis P. B (2006). **Cystic fibrosis since 1938.** Am J Respir Crit Care Med 173: 475-482.

Davis PB, Drumm M, Konstan MW (1996) **Cystic fibrosis.** Am J Respir Crit Care Med 154:1229-1256.

-*Æ*-

Erdös E.G, Skidgel R.A (1987). **The angiotensin I converting enzyme.** Lab. Invest.56: 345-348.

-*G*-

Gallati S (2003). **Genetics of Cystic Fibrosis Seminars in Respiratory and Critical Care Medicine.** Hum Gent 24: 412 -417.

Garry R. Cutting (2006). **Causes of Variation in the Cystic Fibrosis Phenotype.** Ann Nestlé 64:111–117.

Gentzsch M., Cui L, Mengos A, Chang X. B, Chen J. H, Riordan J. R (2003). The **PDZbinding chloride channel ClC-3B localizes to the Golgi and associates with Cystic Fibrosis Transmembrane Conductance Regulator-interacting PDZ proteins.** J Biol Chem *278*, 6440-6449.

Gibson R L, Burns J. L, Ramsey B. W (2003). **Pathophysiology and management of pulmonary infections in cystic fibrosis.** Am J Respir Crit Care Med *168*: 918-951.

Gibson L. E, Cooke R. E (1959). **A test for concentration of electrolytes in sweat in cystic fibrosis of the pancreas utilizing pilocarpine by iontophoresis.** Pediatrics *23* : 545-549.

Girodon-Boulandet E, Costa C(2005). **Génétique de la mucoviscidose.** Méd thérapeutique /Pédiatriel 8 (3) : 126-134.

-H-

Haard M, Benharouga M, Lechardeur D, Kartner N, Lukacs G. L (1999). **C-terminal truncations destabilize the Cystic Fibrosis Transmembrane Conductance Regulator without impairing its biogenesis. A novel class of mutation.** J Biol Chem 274:21873-21877.

Hadj Fredj.S, Messaoud T, Templin C, Des Georges M, Fatoum S, Claustres M (2009).**Cystic Fibrosis Transmembrane Regulator Mutation Spectrum in patients with Cystic Fibrosis in Tunisia.** Genetic testing and molecular biomarkers 13: 211-220.

Hull J, Thomson A. H (1998). **Contribution of genetic factors other than CFTR to disease severity in cystic fibrosis.** Thorax 53:1018–1021.

-J-

Jovov B, Ismailov II, Berdiev B. K, Fuller C. M, Sorscher E. J, Dedman J. R, Kaetzel M. A, Benos D. J (1995). **Interaction between Cystic Fibrosis Transmembrane Conductance Regulator and outwardly rectified chloride channels**. J Biol Chem 270: 29194-29200.

James F Riordan (2003). **Angiotensin-I-converting enzyme and its relatives.** Protein family review genome biology (4) 3: 1-5.

-K-

Kaplan J.C, Delpech M. (1993). **Le diagnostic génotypique. Dans Kaplan JC, Delpech Med. Biologie moléculaire et médecine.**$2^{\text{ème}}$ édition Flammarion Médecine-Sciences : 314-350.

Kerem B, Rommens J. M, Buchanan J. A, Markiewicz D, Cox T. K ,Chakravarti A, Buchwald M, Tsui L. C (1989). **Identification of the cystic fibrosis gene: genetic analysis**. Science 245: 1073-1080.

Khan T.Z, Wagener J.S, Bost T (1995). **Early pulmonary inflammation in infants with cystic fibrosis**. Am J Respir Crit Care Med 151: 1075–1082.

-L-

Low C.U, May C. D, Reed S.C (1949). **Fibrosis of the pancreas in infants and children: a statistical study of clinical and hereditary features.** Am J Dis Child. 78: 349-374.

-M-

Martijn G. Slieker, Elisabeth A.M Sanders, Ger T, Rijkers, Henk J.T, Ruven Cornelis K, van der Ent (2005). **Disease modifying genes in cystic fibrosis.** Journal of Cystic Fibrosis 4:7 – 13.

Messaoud T, Verlingue C, Denamur E, Pascaud O, Quere. I ,Fattoum S ,Elion J , Ferec C (1996). **Distribution of CFTR mutations in Cystic Fibrosis patients of Tunisian origin : Identification of two novel mutations.** Human genetic 4:20-24.

-N-

Navarro J, Bellon G (2001) .**La mucoviscidose ; de la théorie à la pratique**. 2e Ed. Montpellier: Ed. Espaces.

-O-

Osika E, Cavaillon J.M, Chadelat K (1999). **Distinct sputum cytokine profiles in cystic fibrosis and other chronic inflammatory airway disease**. Eur Respir 14:339–346.

-P-

Pilewski J. M, Frizzell R. A. (1999**). Role of CFTR in airway disease**. Physiol Rev 79:S215-255.

-Q-

Quinton P. M (1983). **Chloride impermeability in cystic fibrosis.** Nature 301: 421-422.

-R-

Rao V.B (1994) .**Direct sequencing of polymerase chain reaction amplified DNA** .Anal Biochem. 216: 1-14.

Ratjen F, Doring G (2003**). Cystic fibrosis**. Lancet 361: 681-689.

Rich P.D, Berger H.A, Cheng S.H, Travis S.M, Saxena M, Smith A.E, Welsh M (1993). **Regulation of the cystic fibrosis transmembrane conductance regulator Cl channel by negative charge in the Rdommain:** journal of biology chemistry. 268: 20259-20267.

Rieder M.J, Taylor S.L, Clark A.G, Nickerson D.A (1999).Sequence variation in the human angiotensin converting enzyme. Nat. Genet. 22: 59-62.

Rigat B, Hubert C, Alhenc-Gelas F, Cambien F, Corvol P, Soubrier F(1990). **An insertion/deletion polymorphism in the angiotensin I converting enzyme gene accounting for half the variance ofserum enzyme levels.** J. Clin. Invest 86: 1343-1346.

Riordan J. R, Rommens J. M, Kerem B, Alon N, Rozmahel R, Grzelczak Z, Zielenski J, Lok S, Plavsic N Chou J. L (1989).**Identification of the cystic fibrosis gene: cloning and characterization of complementary DNA**. Science 245: 1066-1073.

Rommens J. M, Iannuzzi M. C, Kerem B, Drumm M. L, Melmer G, Dean M, Rozmahel R, Cole J. L, Kennedy D, Hidaka N (1989**). Identification of the cystic fibrosis gene: chromosome walking and jumping.** Science *245*: 1059-1065.

Rowe S. M, Miller S, Sorscher E. J (2005). **Cystic fibrosis.** N Engl J Med 352:1992-2001.

-S-

Santis G (2000). **Basic molecular genetics, in cystic fibrosis**. 2e ed. London: Arnold.

Schloesser M, Arleth S, Lenz U, Bertele R M,Reiss J (1991) .**A cystic fibrosis patient with the nonsense mutation G542X and the splice site mutation 1717-1.** J Med Genet 28: 878-880.

Schurmann M (2003).**Angiotensin-converting enzyme gene polymorphisms in patients with pulmonary sarcoidosis: impact on disease severity**. Am J Pharmacogenomics 3:233–243.

Schurmann M, Reichel P, Muller-Myhsok B (2001**). Angiotensin-converting enzyme (ACE) gene polymorphisms and familial occurrence of sarcoidosis**. J Intern Med 249:77–83.

Sheppard D.N , Tzyh-Chang H (2009). **Gating of the CFTR Cl- channel by ATP-driven nucleotide- binding domain dimerisation.** J Physiol 587(10): 2151- 2161. ED

Shoshani T, Kerem E, Szeinberg A, Augarten A, Yahav Y, Cohen D, Rivlin J, Tal A Kerem B (1994). **Similar levels of mRNA from the W1282X and the delta F508 cystic fibrosis alleles, in nasal epithelial cells.** J Clin Invest 4:1502–1507.

Southern K W, Munck A, Pollitt R, Travert G, Zanolla L, Dankert-Roelse J, Castellani C (2007). **A survey of newborn screening for cystic fibrosis in Europe.** J Cyst Fibros 6:57-65.

Starner T. D, McCray P B (2005). **Pathogenesis of early lung disease in cystic fibrosis: a window of opportunity to eradicate bacteria**. Ann Intern Med 143: 816-822.ric D

-*T*-

Teich N, Bauer N, Mossner J, Keim V (2002). **Mutational screening of patients with nonalcoholic chronic pancreatitis: identification of further trypsinogen varients**. Am J Gastroenterol 97:341-346.

-*W*-

Welsh M J, Smith A .E (1993). **Molecular mechanisms of CFTR chloride channel dysfunction in cystic fibrosis.** Cell 73:1251-1254.

-*Z*-

Zielenski J, Corey M, Rozmahel R (1999). **Detection of a cystic fibrosis modifier locus for meconium ileus on human chromosome 19q13**. Nat Genet 22:128–129.

www.genet.sickkids.on.ca/cftr/StatisticsPage.html

-Annexes I-

Solution de lyse des globules blancs :

- TE10/0,1 : 4,5ml
- EDTA 0,5M :0,25ml
- SDS1% :0,25ml
- PK : 50µl

Solution de lyse des globules rouges :

- NH_4CO_3H (carbonate d'ammonium) :0,072g
- NH_4Cl (chlorure d'ammonium) :7g
- H_2O distilée qsq : 1l

TE10/1 :

- Tris HCl 2M (Ph7, 5) :1,25 ml
- EDTA 0,25M (Ph8) :1ml
- H_2O distillée qsp : 250 ml

TE10/0,1 :

- Tris HCl 2M (Ph7, 5) :2,5 ml
- EDTA 0,25M (Ph8) :0,2ml
- H_2O distillée qsp : 500 ml

Ethanol 70% :

- Ethanol absolu : 70 ml
- H_2O distillée : 30ml

Na Cl saturé :

- Na Cl : 200g
- H_2O distillée 500 ml puis ajouter : 10g Na Cl

EDTA 0,5M pH 8 :

- EDTA : 19,93g
- H_2O distillée :75ml
- NaOH qsp pH (environ 3g)
- H_2O distillée :100 ml

Tris HCl 2M pH7, 5 :

- Tris : 96,88 g
- H_2O distillée :200 ml
- Ajuster à pH avec HCl (environ40ml)
- H_2O distillée qsp : 400 ml

SDS10% :

- SDS : 10g
- H_2O distillée : 100 ml

Tampon TBE 10X :

- Tris : 162 g
- Acide borique : 50 g
- EDTA (20 mM) : 9,5 g
- H_2O bi distillée : qsp 1L

Solution de dépôt :

- Ficoll : 400 15%
- Bleu de bromophénol 0,025%
- Xylème cyanol 0,025%
- TAE 1X qsp : 100ml

-Annexes II-

Solution TAE 50X:
- Tris : 726 g.
- Acétate de sodium (3NaOC,3H$_2$O) : 408 g.
- EDTA (Na2EDTA) : 55,8 g.
- H$_2$O distillée : qsp 3000 ml.

→ Ajuster jusqu'à pH=7,4 avec de l'acide acétique concentré.

Solution stock à 0% de dénaturant:
- Acrylamide 40% (37.5 :1) : 81,25 ml.
- TAE 50X : 10 ml.
- H$_2$O distillée : qsp 500 ml.

Solution stock à 80% de dénaturant:
- Acrylamide 40% (37.5 :1) : 81,25 ml.
- Formamide désionisé : 160 ml.
- Urée : 170 ml.
- TAE 50X : 10 ml.
- H$_2$O distillée : qsp 500 ml.

Solution stock d'acrylamide :
- Acrylamide : 20 g.
- Bis acrylamide : 0,53 g.

- H$_2$O distillée : qsp 50 ml.

Tampon de charge pour DGGE:
- Glycérol : 5 ml.
- TAE 50X : 0,2 ml.
- BBP : 20 mg.
- H$_2$O distillée : 10 ml.

Annexes III-

- Tampon A: 0, 1 M TriEthyl Ammonium Acetate (TEAA).
- Tampon B: 0, 1 M TEAA 25% Acétonitrile.
- Tampon D: 75% Acétonitrile.

i want morebooks!

Buy your books fast and straightforward online - at one of the world's fastest growing online book stores! Environmentally sound due to Print-on-Demand technologies.

Buy your books online at
www.get-morebooks.com

Achetez vos livres en ligne, vite et bien, sur l'une des librairies en ligne les plus performantes au monde!
En protégeant nos ressources et notre environnement grâce à l'impression à la demande.

La librairie en ligne pour acheter plus vite
www.morebooks.fr

OmniScriptum Marketing DEU GmbH
Heinrich-Böcking-Str. 6-8
D - 66121 Saarbrücken
Telefax: +49 681 93 81 567-9

info@omniscriptum.de
www.omniscriptum.de

Printed by Books on Demand GmbH, Norderstedt / Germany